Muito mais que combustível

ATENDIMENTO E TÉCNICAS DE TRABALHO EM POSTOS DE SERVIÇOS

Dados Internacionais de Catalogação na Publicação (CIP)
(Jeane Passos de Souza - CRB 8ª/6189)

SENAC. Departamento Nacional.
Muito mais que combustível: atendimento e técnicas de trabalho em postos de serviços / Departamento Nacional do Serviço Nacional de Aprendizagem Comercial. – São Paulo : Editora Senac São Paulo, 2017.

Bibliografia.
ISBN 978-65-5536-264-0 [Venda internacional]

1. Atendimento ao cliente : Posto de combustível 2. Combustível : Transporte : Postos de serviços 3. Frentista de posto – Combustível : Técnicas de trabalho I. Título.

17-490s CDD-658.812
333.7968
BISAC TRA001000

Índices para catálogo sistemático:
1. Atendimento ao cliente : Posto de combustível 658.812
2. Combustível : Transporte : Posto de serviços 333.7968

Muito mais que combustível

ATENDIMENTO E TÉCNICAS DE TRABALHO EM POSTOS DE SERVIÇOS

Editora Senac São Paulo – São Paulo – 2017

Administração Regional do Senac no Estado de São Paulo
Presidente do Conselho Regional: Abram Szajman
Diretor do Departamento Regional: Luiz Francisco de A. Salgado
Superintendente Universitário e de Desenvolvimento: Luiz Carlos Dourado

Editora Senac São Paulo
Conselho Editorial: Luiz Francisco de A. Salgado
Luiz Carlos Dourado
Darcio Sayad Maia
Lucila Mara Sbrana Sciotti
Jeane Passos de Souza

Gerente/Publisher: Jeane Passos de Souza (jpassos@sp.senac.br)
Coordenação Editorial/Prospecção: Luís Américo Tousi Botelho (luis.tbotelho@sp.senac.br)
Márcia Cavalheiro Rodrigues de Almeida (mcavalhe@sp.senac.br)
Administrativo: João Almeida Santos (joao.santos@sp.senac.br)
Comercial: comercial@editorasenacsp.com.br)

Acompanhamento Técnico-Pedagógico: Rejane de Souza Leite
Redação: Rosa Amanda Strausz e Rose Zuanetti
Projeto Gráfico, Capa e Diagramação: Gabinete de Artes
Ilustrações: Axel Sande
Fotos: Pedro Oswaldo Cruz e Zeca Guimarães
Revisão: Luiza Elena Luchini (coord.) e Johnny Bergmann

Editora Senac São Paulo
Rua 24 de Maio, 208 – 3º andar – Centro – CEP 01041-000
Caixa Postal 1120 – CEP 01032-970 – São Paulo – SP
Tel. (11) 2187-4450 – Fax (11) 2187-4486
E-mail: editora@sp.senac.br
Home page: http://www.livrariasenac.com.br

SUMÁRIO

Nota do editor

Loucos por carro, loucos por gente

Posto de combustíveis, posto de gasolina, posto de serviços. À primeira vista, parece que é só o nome que muda. Mas existem diferenças. Tudo depende do que é comercializado no posto. São só combustíveis? Ou um conjunto de serviços que procura atender boa parte das necessidades dos clientes?

Este livro busca aproximar, o máximo possível, o futuro profissional das atividades desenvolvidas em postos de serviços, para isso traça alguns caminhos básicos para orientá-lo.

Para formar o novo profissional, são apresentados os serviços do posto e são esclarecidas as questões do mercado de trabalho atual, suas exigências e perspectivas.

Esta publicação do Senac São Paulo pode ser o primeiro passo para um bem-sucedido caminho profissional. Engate a primeira marcha e acelere!

A ATIVIDADE PROFISSIONAL

- Um pouco de história
- O que é serviço
- Mercado de trabalho
- Perfil profissional
- Funcionamento do posto
- Segurança no trabalho

UM POUCO DE HISTÓRIA

No tempo em que a gasolina era vendida em baldes...

Quando os primeiros postos de serviços começaram a abrir lojas de conveniência, muita gente estranhou. Parecia esquisito misturar gasolina, refrigerantes e chocolates no mesmo lugar.

No entanto, em sua origem, a gasolina era vendida exatamente assim: entre sacos de arroz, feijão e farinha, nos armazéns de secos e molhados (que vendiam de tudo), no começo do século XX.

Estávamos em 1912, quando chegou ao Brasil a primeira companhia de importação de petróleo. Era a Standard Oil Company of Brazil, que mais tarde ficou conhecida como Esso. No ano seguinte chegou a Shell e, em 1915, a Texaco.

Caminhão-tanque de querosene, o produto mais usado entre 1913 e 1917.

O querosene era o produto mais vendido entre 1913 e 1917 e a gasolina, uma novidade que quase ninguém conhecia. Os jornais da época publicavam anúncios que apresentavam o novo combustível e garantiam: era 50% mais barato do que o carvão mineral.

Em 1913, só existiam 2.400 veículos no país, todos importados e nenhum capaz de ultrapassar a velocidade de 30 km/h. Para abastecê-los, os donos de armazém usavam um balde e um funil. Os sacos de farinha e os galões de óleo de cozinha tinham a companhia ainda tímida de latas de gasolina.

Foi depois da Primeira Guerra Mundial (1914-1918) que a gasolina assumiu a liderança de vendas no lugar do carvão mineral, graças à expansão da atividade industrial dos anos 1920 e ao aumento do consumo varejista, representado pela maior circulação de veículos.

Caminhão-tanque de combustível da década de 1930.

Bombas de gasolina: uma grande novidade

Aos poucos o novo combustível começou a se tornar mais conhecido. Navios, trens e pequenas fábricas passaram a usá-lo no lugar do carvão mineral. Levou quase uma década, desde a chegada da Esso, Shell e Texaco, para que surgissem as primeiras bombas de rua no país. Em 1921, a Esso instalou a primeira bomba de gasolina na Praça Quinze, no centro do Rio de Janeiro (RJ).

Na década de 1920, nas capitais, nas cidades do interior e ao longo das rodovias do país, surgiram finalmente as bombas de gasolina. Os depósitos de combustíveis eram outra novidade. No Rio de Janeiro, por exemplo, um depósito da Shell foi inaugurado, perto do cais do porto, no Caju, em 1922.

Da comercialização em latas (muitas vezes transportadas em lombos de burros), a gasolina passou a ser distribuída em carroças puxadas por animais, até que vieram os primeiros caminhões-tanques, como acontece até hoje. Essa história foi mais ou menos a mesma com todas as empresas.

Depois da Segunda Guerra Mundial (1939-1945), o Brasil precisava de soluções rápidas para fortalecer a indústria do país, cuja riqueza ainda estava baseada na agricultura. No governo de Juscelino Kubitschek (1956-1961) foram feitos grandes investimentos na indústria de base. Os setores de energia e de transporte receberam incentivos nunca vistos. O dinheiro era todo emprestado pelos países desenvolvidos e pelo FMI (Fundo Monetário Internacional).

O desenvolvimento da indústria automobilística, por exemplo, ampliou o mercado e permitiu o surgimento de mais postos de combustíveis. O Fusca da Volkswagen era o sonho de consumo do brasileiro.

Saiba um pouco mais

→ O primeiro poço de petróleo brasileiro foi perfurado em 1939, no município de Lobato, na Bahia. As terras pertenciam a Oscar Cordeiro. Muito determinado, ele contrariou os pareceres de dois geólogos norte-americanos, que lhe garantiram não haver petróleo em suas terras.

→ Em 1953, a Petrobras foi criada para ser responsável pelo monopólio estatal sobre a exploração de petróleo no Brasil. O monopólio só foi extinto em 1997.

→ A bandeira Shell foi a primeira a chegar a Brasília (DF), em 1957, durante a construção da nova capital.

→ Em 1959, a indústria automobilística colocou nas ruas o primeiro Fusca fabricado e montado no país. O carro se tornou um símbolo do incentivo à industrialização do governo Juscelino Kubitschek, que prometia fazer a economia andar "cinquenta anos em cinco".

Arquivo BR Distribuidora

O Fusca é um dos carros mais queridos da história do automóvel.

A hora em que tudo mudou

A partir de 1964 até 1985, os postos de gasolina passaram a fazer parte de um setor considerado de segurança nacional. Era a época de governos militares e eles definiam tudo: o preço de venda, a quantidade de combustível que podia ser fornecida pela distribuidora e até o horário de funcionamento dos postos.

Em compensação, a concorrência era pequena, pois ninguém podia abrir um posto onde bem entendesse. O candidato tinha que obter uma difícil permissão e o local era predeterminado para evitar proximidade entre os postos. Na hora de renovar o contrato com a distribuidora, tudo corria a favor do dono do posto.

Isso não acontecia só com os postos de gasolina. O governo estabelecia regras para tudo, mesmo para setores que não eram considerados de segurança nacional como: aumento de aluguéis, reajustes de salários e o preço de diversos produtos.

A partir da década de 1990, a economia foi sendo gradativamente desregulamentada e isso também atingiu os postos de combustíveis. Em outras palavras, o governo deixou de estabelecer normas e passou a deixar que o mercado se regulasse.

Ora, quem fala em mercado fala em concorrência. Assim, se antigamente era o governo que decidia quantos postos poderiam ser abertos, depois da desregulamentação é o mercado que decide quem vai continuar funcionando. Só os melhores sobrevivem.

Sem as normas que o governo impunha, passaram a valer as normas da concorrência. Quem oferece o melhor produto e serviço, pelo melhor preço, sai na frente. Nessa corrida, ninguém demorou para descobrir que quem elege o vencedor é o cliente.

Saiba um pouco mais

→ Em 1971 foi criada a Petrobras Distribuidora, que passou a comercializar e a distribuir derivados de petróleo para todo o Brasil. Em 1974 já era a maior distribuidora do país. Hoje possui mais de 7.200 postos de serviços BR.

→ O Código de Defesa do Consumidor (CDC) entrou em vigor em março de 1991 e representou um enorme avanço na relação entre clientes e empresas. Apoiados pela lei, os consumidores se tornaram mais exigentes e passaram a reclamar de produtos defeituosos, de prazos não cumpridos e de serviços mal prestados. Para os profissionais de postos de serviços, isso significa tratar bem os clientes. Em outras palavras, nunca vender produtos fraudados ou defeituosos, nem prometer o que não podem cumprir.

→ Das bombas à manivela às bombas automáticas atuais, mais de meio século se passou e as novidades no setor não param. Desde 2003 os postos de serviços abastecem carros com motor bicombustível, que podem usar gasolina ou álcool. O motor tricombustível (movido a gasolina, álcool e/ou gás natural) já é uma realidade, provoca mudanças e amplia os serviços oferecidos pelos postos.

Arquivo BR Distribuidora

Posto BR da década de 1970.

A transição para postos de serviços

Com a mudança do perfil dos postos, o conceito de serviço tornou-se importante. Agora, os funcionários não se limitam a executar tarefas como abastecer o carro, calibrar pneus e trocar fluidos. Eles são verdadeiros vendedores de serviços, devem se preocupar com a imagem do posto e com a satisfação do cliente. Afinal, cliente satisfeito sempre volta. E, nesse mercado, é isso que importa.

A instalação de lojas de conveniência nos postos representou o sinal mais concreto da mudança de postura do setor. A primeira do país foi a Express (uma parceria entre Shell e Pão de Açúcar), situada no posto Bola Branca, em São Paulo. Isso em 1987. Aliás, ainda no final da década de 1980, outras bandeiras também agregaram valores aos seus postos, como as lojas Stop & Shop da Esso e a Star Mart da Texaco.

Vender chocolates, lanches rápidos, refeições congeladas, presentes, lâminas de barbear, revistas, pilhas, cigarros, gelo, refrigerantes, óculos escuros e mais uma quantidade inacreditável de produtos e serviços ao lado de combustíveis! Mas por que será que o negócio deu tão certo?

A resposta é simples. A expansão das lojas de conveniência tem a ver com a mudança de comportamento das pessoas, que hoje não podem mais perder tempo. O posto se transformou num local muito conveniente para resolver, com rapidez, tarefas do dia a dia, tais como

compras de última hora e até operações bancárias enquanto o carro é abastecido. Mesmo quem passa pela rua (a pé, de bicicleta ou de skate) ou mora na vizinhança pode fazer um lanche rápido na loja de conveniência do posto.

Hoje é quase impensável um posto sem loja de conveniência! Ter uma significa aumentar o fluxo de clientes, consolidar a marca do posto e aumentar a lucratividade do negócio. Pesquisas mostram que as vendas de combustíveis em um posto costumam crescer em até 20% após a implantação de uma loja de conveniência.

Além das lojas de conveniência, os postos vêm incluindo novos serviços para melhorar a qualidade de seu atendimento. Uns servem cafés aos clientes, outros fazem parcerias com bancos e colocam caixas eletrônicos em suas instalações, e há ainda os que criam promoções e prêmios. Tudo para atrair novos clientes, agradar os antigos e criar um diferencial em relação à concorrência.

Em 2000, o número de postos no Brasil já chegava a 25 mil. Juntos, empregavam 370 mil pessoas. Mas, na verdade, a mudança maior do setor não está no crescimento do número de estabelecimentos, mas na maneira de trabalhar. Não existem mais baldes e nem postos de gasolina isolados. Agora existem postos de serviços – sempre de olho nas necessidades do cliente!

Exercício

Você que vai trabalhar em posto de serviços logo estará familiarizado com todas as marcas e modelos de automóveis do mercado. Vamos fazer um exercício? Faça uma pesquisa em jornais e revistas: recorte logotipos dos fabricantes de automóveis e cole nos respectivos nomes abaixo. Ou então desenhe-os você mesmo. Depois, se tiver curiosidade, leia o significado de alguns deles no boxe "Saiba um pouco mais".

1 **Audi**	2 **Honda**	3 **BMW**	4 **Chevrolet**
5 **Citroën**	6 **Ferrari**	7 **Fiat**	8 **Mercedes-Benz**
9 **Chrysler**	10 **Peugeot**	11 **Toyota**	12 **Volkswagen**
13 **Mitsubishi**	14 **Porsche**	15 **Ford**	16 **Renault**

Saiba um pouco mais

Logotipos são símbolos de identificação de marcas comerciais ou de fabricação. A maioria deles traz consigo diversos aspectos da história da marca capazes de entusiasmar os loucos por carros. Veja o significado de alguns logotipos que fizeram a história do automóvel.

→ **Audi** • As quatro argolas representam as marcas alemãs que formaram a *Auto Union*, fundada em 1947. São elas: Horch, Audi, Wanderer e DKW.

→ **BMW** • Abreviatura de *Bayerische Motoren Werk* (Fábrica de Motores da Bavária). Representa uma hélice de avião, azul e branca. O logo foi criado depois que os fundadores conseguiram permissão do governo alemão para produzir motores de avião, em 1917.

→ **Chevrolet** • Dizem que o logotipo em forma de gravata borboleta foi baseado no desenho do papel de parede de um hotel em Paris, onde William Durant teria se hospedado em 1908. Durant guardou a amostra para usá-la como símbolo da indústria de automóveis que fundou em sociedade com o piloto Louis Chevrolet.

→ **Chrysler** • A antiga estrela de cinco pontas representava a precisão da engenharia. O logo atual é um escudo com asas, que já foi adotado entre as décadas de 1930 e 1950.

→ **Citroën** • Os dois "V" invertidos simbolizam a engrenagem bi-elicoidal criada pelo engenheiro Andre Citroën, fundador da marca francesa.

→ **Ferrari** • O cavalo preto empinado sobre fundo amarelo era usado no avião de Francesco Barraca, piloto italiano morto na Primeira Guerra Mundial. A pedido da mãe de Barraca, Enzo Ferrari passou a adotar o símbolo a partir de 1923.

→ **Fiat** • A sigla em letras brancas sobre fundo azul significa Fábrica Italiana de Automóveis de Turim.

→ **Ford** • O símbolo oval com a assinatura de Henry Ford permanece praticamente inalterado desde a fundação da empresa, em 1903.

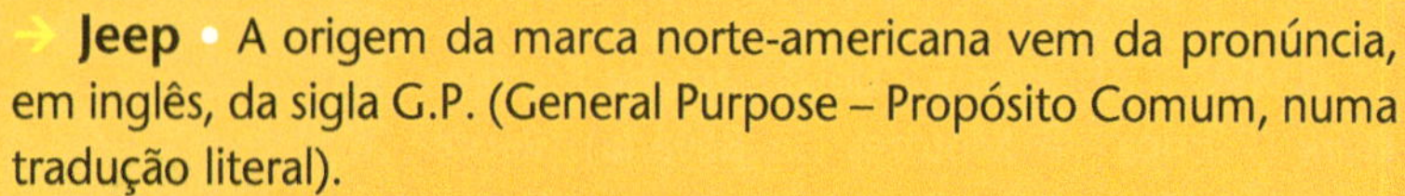

→ **Jeep** • A origem da marca norte-americana vem da pronúncia, em inglês, da sigla G.P. (General Purpose – Propósito Comum, numa tradução literal).

→ **Mercedes-Benz** • A estrela de três pontas representa a fabricação de motores para uso na terra, na água e no ar. Gottlieb Daimler enviou cartão-postal para sua mulher dizendo que a estrela impressa no cartão iria brilhar sobre sua obra. Daí vem o logo.

→ **Mitsubishi** • O diamante de três pontas remete à ideia de resistência e preciosidade. Na língua japonesa, "Mitsu" significa três e "Bishi", diamante.

→ **Nissan** • O termo "nissan" significa indústria japonesa. Além disso, a moldura azul (cor do céu e do sucesso na cultura japonesa) e o círculo vermelho ao fundo (a luz do sol e a sinceridade) referem-se ao provérbio "Sinceridade leva ao sucesso".

→ **Peugeot** • O leão estilizado, que representa a "qualidade superior da marca" e homenageia a cidade de Lion (França), é usado desde 1919, mas já sofreu modificações.

→ **Porsche** • Os dois brasões sobrepostos são da região de Baden-Württemberg e da cidade de Stuttgart (o cavalo empinado), sede da marca alemã. O símbolo é usado desde 1949.

→ **Renault** • O losango parecido com um diamante sugere sofisticação e prestígio. Foi adotado em 1925, mas já sofreu mudanças. O primeiro símbolo (de 1898) eram dois "R", em homenagem aos irmãos Louis e Marcel Renault, fundadores da marca francesa.

→ **Rolls Royce** • Os dois "R" do logotipo eram estampados em vermelho. Com a morte dos fundadores, Charles Rolls (1910) e Frederick Royce (1933), as letras passaram a preto em sinal de luto.

→ **Subaru** • Na língua japonesa, "subaru" significa plêiade (conjunto de estrelas), o que explica a constelação adotada como logotipo.

→ **Toyota** • O desenho apresenta três elipses entrelaçadas. A combinação das elipses vertical e horizontal simboliza o T de Toyota. A elipse maior unifica cliente e produto.

→ **Volkswagen** • O círculo envolve um V e um W, iniciais de volks (povo, em alemão) e wagen (veículo, em alemão), ou seja, carro popular.

→ **Volvo** • O logotipo da marca sueca (hoje controlada pela Ford) é o símbolo do gênero masculino.

O QUE É SERVIÇO

A diferença entre o posto de gasolina (ou de combustíveis) e o posto de serviços está naquilo que é comercializado. O primeiro vende produtos. O segundo vende produtos e serviços ao cliente.

Produto é a coisa que é comprada. Exemplos de produtos comprados no posto: gasolina, aditivos, óleo lubrificante, palheta para limpador de para-brisa, chocolate, sanduíche, bebidas, extintor de incêndio etc.

Serviço é um tipo de produto que não se apresenta de forma concreta. Não se pode embrulhá-lo e levá-lo para casa. A troca de pneus, por exemplo, é um serviço. A lavagem do carro é outro. O cafezinho de cortesia, mais um diferencial.

Cliente é quem usa os serviços ou consome os produtos. Ao avaliar o custo e a qualidade, decide se vai comprá-los ou não.

Ao passo que a qualidade do produto depende do fabricante, a do serviço depende de quem o executa. Para dar mais um exemplo, a gasolina é um produto; o abastecimento do veículo é um serviço. Entre dois postos que oferecem a mesma marca de gasolina pelo mesmo preço, o cliente dá preferência àquele que oferece o melhor serviço.

O sucesso – ou o fracasso – de qualquer negócio está diretamente ligado à satisfação do cliente. E o cliente já sabe disso. Ele é disputado pela concorrência e está sempre de olho em quem lhe oferece mais benefícios, preço mais em conta e, principalmente, melhor atendimento.

Serviço é feito por gente

Veja, nas páginas 22 e 23, os serviços mais comuns prestados por um posto de serviços. Em cada um dos pontos da ilustração, pode-se encontrar um tipo de equipamento diferente: bombas de combustíveis, calibrador, extintor, computador, elevador etc. No entanto, nenhum desses equipamentos trabalha sozinho. O que faz do serviço prestado algo realmente especial é a pessoa que o executa.

Exercício

Observe a ilustração do posto de serviços nas páginas 22 e 23 e relacione as atividades apresentadas. Veja se você descobre todas elas.

MERCADO DE TRABALHO

Os postos de serviços oferecem várias oportunidades profissionais. Uma diversidade de tarefas são ali executadas. Em alguns postos, todos os funcionários precisam saber fazer de tudo um pouco. Em outros, os serviços são especializados. Não existe regra.

O que há nos postos é uma mobilidade real. É comum que alguém comece na calibragem e passe para a pista. Ou que inicie na lubrificação e depois descubra que se sente mais à vontade na loja de conveniência. Ou ainda que comece em qualquer função e chegue à gerência. Uma vez picado pelo "bichinho da gasolina" – como diz o frentista Luís Gregório Teixeira –, muitas possibilidades se abrem.

Na seção "Gente que gosta do que faz", você conhecerá profissionais do mercado de trabalho atual. Antonio Roberto de Magalhães é instrutor, José Manuel de Sousa é frentista e também lubrificador, Carlos Henrique de Almeida faz de tudo um pouco, Mario José é cadeirante e trabalha na pista, Renata de Oliveira Cunha é estudante e deseja chegar a gerente de posto, Joseli dos Santos começou como frentista e hoje é técnico de lubrificação, Maria Rosa Ribeiro é caixa atendente e viu a evolução das lojas de conveniência. Para todos eles, e os demais entrevistados, posto de serviços foi uma boa opção.

Gente que gosta do que faz

Por trás de cada função, de cada equipamento, existe uma pessoa. E cada uma tem sua história. Há gente que gosta do que faz: gerentes, frentistas, lubrificadores, caixas, atendentes de lojas de conveniência. Eles relatam aqui suas experiências.

Antonio Roberto de Magalhães, instrutor, Posto Escola Senac Rio/BR

Comecei a trabalhar aos 12 anos como empacotador de supermercado. Com 14 anos, iniciei carreira em lapidação de pedras. Vim fazer o curso de frentista do Senac já adulto. Minha intenção era trabalhar em posto e chegar à gerência. Como tinha cursado técnico em contabilidade, achava que tinha o perfil para chegar ao meu objetivo. Eu já era encarregado de pista num posto, quando fui convidado para atuar como auxiliar administrativo no Posto Escola. Aqui tive a chance de me aperfeiçoar e hoje sou instrutor.

Severina da Silva Maciel, 19 anos, aluna do Posto Escola Senac Rio/BR

Estou fazendo este curso porque é rápido e logo vou conseguir meu primeiro emprego. Acabei o ensino fundamental, mas agora preciso trabalhar para cuidar do meu filho de 4 anos. Quero voltar a estudar, claro, mas preciso de um emprego agora.

Edno Ponciano dos Reis, 41 anos, frentista, Posto Linha Amarela/Texaco

Trabalho há 14 anos em posto de serviços. Fiz o curso no Posto Escola do Senac, em 1983. Um amigo me disse que fazendo o curso eles me encaminhariam direto para um trabalho. Foi o que fiz e não me arrependo. Gosto muito do que faço, gosto de lidar com o público e mais ainda de trabalhar como frentista.

Joseli dos Santos,
55 anos, lubrificador, Posto Iate/Shell

Estudei pouco. No meu tempo, era primário e ginásio. Fui até o terceiro ginasial. Trabalho em posto há 30 anos. Comecei como frentista. Hoje sou técnico de lubrificação, que a gente conhece mais como trocador de óleo. Estou há 25 anos nesse posto. Sou o mais antigo da casa. Nesses anos todos, muita coisa mudou. Acho que a maior mudança foi no cuidado com o ambiente de trabalho. Antigamente, não tinha a limpeza que tem agora.

Raimunda Nonata de Jesus Souza, atendente de loja de conveniência, Posto Bravo/BR

Trabalho há duas semanas na loja de conveniência como atendente. Já tinha experiência em loja de alimentação, não tive problemas com o serviço. Aqui eu faço café de máquina (que eu já sabia!), sirvo salgados, ajudo na arrumação da loja, atendo um cliente que não encontra o produto. Faço de tudo.

Renata de Oliveira Cunha,
20 anos, aluna do Posto Escola Senac Rio/BR

Tenho duas filhas e ainda estudo. Estou no primeiro ano do ensino médio. Nunca tive carteira assinada. Já fiz bicos de faxina e de costura. Soube do Posto Escola por um anúncio de emprego. Estava escrito assim: selecionam-se moças e rapazes para frentistas. Mas tinha um detalhe, eles só contratavam quem tinha feito o curso do Senac. Vi no curso uma oportunidade de entrar no mercado de trabalho formal. Mas não quero ser apenas frentista. Assim que arrumar um emprego, começo a fazer o curso de gerência.

Zeneu Costa Rios Filho, 37 anos,
instrutor do Posto Escola Senac Rio/BR

Sempre trabalhei em posto, desde os 18 anos. Comecei como frentista, passei a gerente, depois fui supervisor da rede Wal. Estou no Posto Escola como instrutor desde o final de 1999. Na verdade, já tinha sido instrutor entre 1991 e 1995. Voltei porque gosto de ensinar e aqui continuo mantendo contato com o público.

Ricardo Pereira Ramos,
23 anos, lavador, Posto Iate/Shell

Estudei até o primeiro ano do segundo grau e estou aqui há sete meses. É o meu primeiro emprego de carteira assinada. Era vocalista de uma banda de pagode, mas não estava ganhando dinheiro. Entre o certo e o duvidoso, sou mais aqui, que é o certo. Tenho planos de trabalhar na pista, para onde vou quando está chovendo e o movimento da lavagem fica mais fraco.

Fábio Júlio Alves Quadros, 25 anos, frentista, Centro de Conveniências Millennium/Ipiranga

Aprendi tudo na prática. Comecei num BR e já tenho três anos como frentista. Tenho curso técnico de enfermagem, mas prefiro trabalhar em posto. Primeiro porque paga melhor e, além disso, fico com tempo para continuar meus estudos. Faço faculdade de Administração. Todo mundo fica admirado com isso, mas hoje a imagem do frentista mudou. Tenho colegas aqui que também fazem faculdade. Hoje é preciso saber abordar o cliente, ser educado e saber se comunicar para cativar o cliente.

Maria Rosa Ribeiro,
37 anos, caixa atendente, Posto Pequena Cruzada/Esso

Sempre trabalhei com vendas. Estou nesta empresa há catorze anos, mas na loja há três. As lojas de conveniência existem há seis anos, no máximo oito. Quando comecei, era minimercado que só vendia acessório de carro. Hoje está tudo diferente. Mexer com alimentos é outra coisa.

Mario José da Silva Belo, 27 anos, frentista, Posto Bravo/BR

Nunca pensei no que seria quando crescesse. Tive poliomielite, mais conhecida como paralisia infantil. Trabalho há um ano e sete meses neste posto. Já tive emprego como cobrador de ônibus durante três anos. Cheguei aqui indicado por um amigo, também cadeirante, que estava saindo. Meu treinamento foi voltado para a prática. Comecei como frentista e faço de tudo, como qualquer pessoa.

José Manuel de Sousa, 55 anos,
lubrificador e frentista, Posto Bravo/BR

Desde que cheguei ao Rio, vindo da Paraíba, há 35 anos, trabalhei em diversos postos. Aqui sou principalmente trocador de óleo, mas também frentista. A vida do frentista mudou muito nesses anos todos. Estudei até a terceira série, mas não tive dificuldade de me adaptar a essas modernidades. Toda vez que trocam as bombas, eu sou o primeiro a aprender a lidar com elas.

Julio de Oliveira,
32 anos, encarregado de pista, Posto Vagão/Ipiranga

Trabalhar em posto foi a primeira coisa que consegui quando precisei trabalhar. Minha maior alegria foi quando passei de frentista para encarregado.

Carlos Henrique de Almeida,
25 anos, frentista, lavador, calibrador, Posto Iate/Shell

Trabalho com posto há 10 anos. Mas aqui estou só há dois meses. Completei o ensino médio. Parei de estudar porque não podia pagar a faculdade. Já trabalhei em lava a jato, padaria, em obra, fui chaveiro e auxiliar administrativo. Em posto, sempre trabalhei como frentista, mas aqui faço de tudo um pouco: calibro, abasteço e lavo.

Elaine Santos da Silva,19 anos,
aluna do Posto Escola Senac Rio/BR

Parei de estudar no primeiro ano do ensino médio. Resolvi fazer este curso no Posto Escola porque uma amiga me indicou. Ela logo começou a trabalhar de frentista. Assim que você termina o curso, pode arrumar um emprego. Isso é bom. Antes carro não me chamava atenção, agora estou gostando.

Luís Gregório Teixeira,
58 anos, frentista, Posto Pequena Cruzada/Esso

Sempre gostei de trabalhar. Nunca tive pretensão de nada. Mas me sinto bem no que faço. Vou sempre trabalhar satisfeito, principalmente se o trabalho for com público. Estou em posto desde 1971. A gasolina deve ter um bichinho que pega. O meu filho mais novo, por exemplo, fiz tudo para ele seguir carreira na Aeronáutica, mas ele quis posto.

Um espaço para todos

"Mulher no volante, perigo constante." Quem nunca ouviu essa frase? No imaginário popular, mulher e carros são incompatíveis. A realidade, no entanto, desmente esse mito.

Não são apenas as seguradoras de automóveis que veem as mulheres com bons olhos, oferecendo descontos por considerá-las motoristas mais cautelosas. Nos postos de serviços, a presença feminina está aumentando e também é bem-vinda.

Vencer os obstáculos, no entanto, nem sempre é muito fácil. Algumas alunas, como a Geovana de Andrade, são muito determinadas. Apesar de ter encontrado gente que quisesse convencê-la de que posto não é lugar de mulher, ela decidiu fazer o curso em um Posto Escola assim mesmo. "Acho que não existe trabalho masculino. Do mesmo modo que a gente faz trabalho que antes era só para homem, hoje eles fazem trabalho que era só de mulher", diz ela sorrindo.

Antonio Roberto de Magalhães, que já gerenciou um posto só de mulheres, dá seu depoimento: "Meu primeiro emprego em posto foi como encarregado de pista e nele só trabalhavam mulheres. Acho mais fácil trabalhar com elas. São mais atentas ao trabalho. Acabou essa história de que mulher não gosta de carro. Quem está empregada, dedica-se ao máximo".

A aluna Renata de Oliveira Cunha, atenta às perspectivas da carreira, é um bom exemplo do novo espaço que a mulher está ocupando: "Não sou fissurada, gosto de carro... Mas estou louca para fazer troca de óleo, ainda não cheguei nessa fase. O tempo passa rápido por aqui, de tanto que estou gostando".

Há quem diga que existe preconceito contra mulheres que trabalham como frentistas. Severina da Silva Maciel não teve problemas ao escolher essa ocupação. Aliás, ela não precisou convencer ninguém da família de que posto é uma boa opção de trabalho. Todos gostaram da ideia. Ela diz: "Tem gente que discrimina mulheres frentistas por causa das roupas que algumas usam... Eu não ligo, mas vou querer trabalhar de macacão".

Houve um tempo em que as frentistas usavam roupas sensuais e isso pode ter dado espaço para comentários maliciosos sobre a reputação das profissionais. A intenção dos postos era atrair novos clientes e não expor as garotas, claro. Mas nem sempre a intenção é bem interpretada.

Pessoa com deficiência – Cidadão capaz

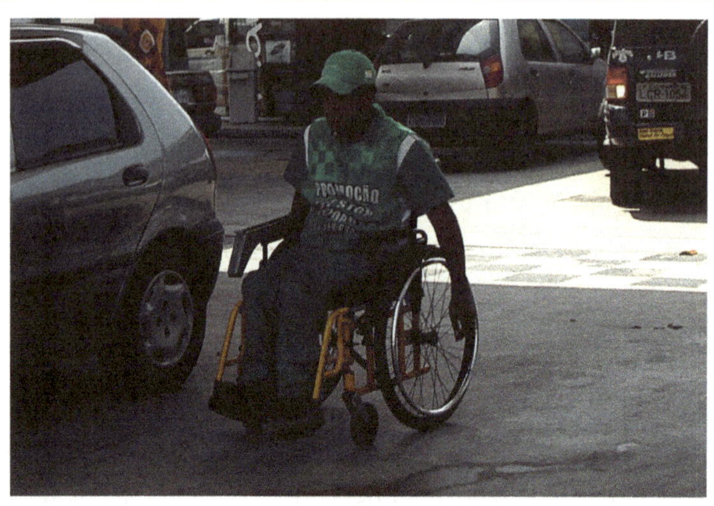

No Brasil há cerca de 24 milhões de pessoas com algum tipo de deficiência (motora, sensorial ou de cognição). Dentre os 13 milhões que estão em idade de trabalhar, apenas um milhão trabalha (menos de 10%).

Uma sociedade inclusiva está sendo construída no Brasil e em vários países com base em algumas experiências de inclusão social. Devemos lembrar, no entanto, que existe uma grande diferença entre os conceitos de "integração" e de "inclusão". O primeiro se baseia na modificação da pessoa com deficiência, mudança feita por meio de habilitação, reabilitação e educação especial para "torná-la apta" a satisfazer os padrões aceitos pela sociedade. A inclusão (conceito usado desde os anos 1990) baseia-se na modificação da sociedade, a partir da eliminação de todas as barreiras arquitetônicas e sociais. Neste caso, a sociedade se torna capaz de acolher incondicionalmente as pessoas com deficiência.

A Petrobras Distribuidora, como uma empresa inserida no contexto da responsabilidade social, tem investido em programas profissionalizantes. O projeto "Cidadão Capaz", lançado em setembro de 2002, tem o objetivo de oferecer ao portador de deficiência a chance de ingressar no mercado de trabalho. As atividades desenvolvidas pelos participantes são abastecimento, lavagem de veículos e atendimento em lojas de conveniência.

Cinco postos estão em operação no país: em Brasília (DF), Valinhos (SP), Rio de Janeiro (RJ), Belém (PA) e Vitória (ES). A meta é aumentar esse número. O primeiro foi o Posto 109 Sul, em Brasília (DF), onde 11 rapazes fazem os serviços de pista, lavagem, abastecimento e serviços administrativos. Depois, a estação de serviços RRC, em Valinhos (SP), que emprega dois jovens que usam cadeiras de rodas. O Posto Bravo, na Barra da Tijuca (RJ), recebeu dois cadeirantes, um deles, o Mario, entrevistado para este livro.

Nessas unidades, as instalações passaram por reformas para acolher os participantes do projeto. As principais adequações foram faixas sinalizadoras na pista, rampas com corrimão, espaços de circulação mais amplos, adaptação nos sanitários e vestiários, alteração na altura das bombas.

A Petrobras ajuda o país a redirecionar a deficiência ao patamar da eficiência, da igualdade e da inclusão social, e esses novos profissionais são exemplos de gente que batalha para expressar seus valores e desafiar limites.

Fontes: BR Assessoria de Imprensa e Sandra Brandão, coordenadora do Programa Deficiência & Competência do Senac Nacional.

O que dizem os classificados

Afinal, o que é preciso para candidatar-se a uma vaga em um posto de serviços? Alguns anúncios de empregos dão a medida do que as empresas estão procurando para compor seu quadro de funcionários. Leia a seguir alguns classificados pesquisados em www.catho.com.br e www.muraldevagas.com.br.

Posto de grande porte em Manaus (AM) oferece uma vaga para frentista. Com ensino médio completo, com ou sem experiência na função. Dinâmico, responsável, bom relacionamento interpessoal.

Posto em Niterói (RJ) oferece vagas para frentista. Procuramos profissional que tenha segundo grau completo e experiência como frentista. É desejável que o candidato seja dinâmico e tenha facilidade em lidar com público.

Posto de pequeno porte em Campo Grande (MS) oferece uma vaga para frentista. Com segundo grau completo e experiência em carteira de seis meses na função.

Posto de médio porte oferece uma vaga para frentista para atuar na região de Salto Weissbach, em Blumenau (SC). Candidatos interessados deverão cadastrar-se no site da empresa.

Posto de pequeno porte em Mogi-Mirim (SP) precisa de frentista/caixa. É necessário ensino médio completo e dois anos de experiência como caixa. Disponibilidade para trabalhar nos fins de semana e feriados.

Auto Posto 2M oferece vaga de frentista para atuar em Uberlândia (MG). Desejável ensino médio. O profissional deverá ter experiência na área e função. Fluência verbal e dinamismo.

Cybamar Auto Posto em Santo André (SP) oferece uma vaga para frentista. Profissional qualificado com ampla experiência em abastecimento, troca de óleo, operar máquinas de cartões de crédito e débito, cupom fiscal.

Posto de pequeno porte em Curitiba (PR) oferece vaga para frentista. Profissional com experiência mínima de seis meses como lubrificador de automóveis.

Nem sempre o que é mais importante está descrito nos classificados. Embora o que apareça em primeiro lugar nos anúncios seja a especificação de escolaridade e experiência, essas exigências não são as mesmas para todos os postos.

De qualquer maneira, pelos classificados, é possível afirmar que quem estuda tem mais chance no mercado de trabalho. Nem todos pedem o ensino médio completo, mas, para muitos, é o desejável. E, em um mercado competitivo como este, situar-se na categoria "desejável" já é um diferencial importante.

De acordo com Maurício Ferraz, secretário-executivo do Sindcomb (Sindicato do Comércio Varejista de Combustíveis, Lubrificantes e Lojas de Conveniência do Município do Rio de Janeiro), "hoje se busca um funcionário que tenha pelo menos o ensino médio completo, pois ele tem que manipular equipamentos informatizados e lidar com formas mais sofisticadas de pagamento, como os cartões de crédito e débito".

No entanto, Reinaldo Garcia, gerente do Pequena Cruzada/Esso, toca em outro ponto importante. Com a dificuldade para encontrar emprego, pessoas com nível escolar mais alto estão disputando vagas com quem possui apenas o ensino fundamental. "Tem muito universitário trabalhando em posto", lembra o gerente. Mas ele costuma valorizar mais outros aspectos. "Quando vou contratar alguém, considero o perfil do profissional. A gente só sabe se o funcionário é realmente bom quando ele está trabalhando. Na pista é que posso avaliar se ele sabe falar com o cliente."

As expectativas para os próximos anos

A implantação de bombas de autosserviço que seriam operadas diretamente pelo consumidor, sem necessidade de um frentista para ajudá-lo, foi proibida pela Lei n. 9.956, de 12 de janeiro de 2000. Como já vimos, em seu lugar entrou a importância do bom atendimento, que não está escrito em lei nenhuma, mas faz parte da qualidade em prestação de serviços.

Maurício Ferraz, do Sindcomb, fala um pouco sobre as expectativas do mercado de trabalho.

"O número de postos de serviços continua crescendo. Na minha opinião, isso se deve ao crescimento do próprio país, do processo de modernização das pequenas cidades. Além disso, estão surgindo muitos postos para abastecimento de gás natural. O GNV é uma atividade que tem merecido muitos investimentos."

Mário Lima, há muitos anos gerente de postos de serviços na zona oeste da cidade do Rio de Janeiro, conhece bem o setor e é otimista:

"O mercado de trabalho em postos de serviços está num momento de muita expansão. Com a evolução dos carros, as opções de abastecimentos são muitas. Os postos atualmente fornecem gasolina comum, aditivada, álcool, diesel e gás, além de todos os produtos e serviços automotivos e das lojas de conveniências. É preciso que os profissionais conheçam as técnicas para abastecimento de gás, para combustíveis líquidos e saibam vender produtos. Os frentistas que não estiverem atualizados perderão espaço. Mas não é só isso. O GNV e os combustíveis líquidos podem ser oferecidos num só posto, o que resulta em ampliação do mercado profissional."

Marco Barreiro, que foi encarregado de pista e hoje é gerente do Centro de Conveniência Millenium, fala do perfil do frentista, que está cada vez mais próximo do cliente.

"Os postos estão em expansão e precisam de profissionais ágeis e flexíveis. O cliente que abastece com álcool ou gasolina raramente enfrenta filas e geralmente está com pressa, dando pouca oportunidade ao frentista de checar a frente. O procedimento para abastecimento do carro com GNV é mais demorado para o cliente; no entanto, é dinâmico para o frentista, que deve estar atento e ser rápido para aproveitar a oportunidade do capô aberto, verificar os itens e efetuar vendas."

No mundo dos postos há sempre muitas novidades. É o lugar para quem gosta de movimento, de aprender coisas novas e, sobretudo, para quem tiver talento para lidar com o público.

Exercício

Qual é a sua perspectiva profissional? Escreva seu depoimento.

___

___

___

___

___

___

___

PERFIL PROFISSIONAL

O sucesso de um posto depende da capacidade técnica do seu quadro de funcionários, mas também da facilidade de comunicação, educação e simpatia no atendimento e postura ética dos profissionais que compõem a equipe.

Existem muitos fatores que tornam um posto de serviços mais competitivo do que outro: sua localização, seus produtos, seus preços. No entanto, um dos mais importantes é a qualidade no atendimento. Atualmente, um posto de serviços só é competitivo se apresentar atendimento de excelente qualidade. De outra forma, os clientes acabam procurando o concorrente. Hoje em dia, bom atendimento faz a diferença.

Empenhar-se no atendimento ao cliente tem suas recompensas, como conta Rodrigo Trovisco, que atua em posto há oito anos, já foi encarregado de pista e hoje é gerente: "Minha maior alegria é ser reconhecido pelo cliente. Ter o meu empenho reconhecido, saber que o meu serviço agradou".

Para ser um bom profissional, é preciso somar às habilidades naturais (próprias da pessoa) outras que são desenvolvidas por meio de estudo, treinamento e experiência profissional. Estas últimas precisam de dedicação, claro, mas isso ocorre em todas as profissões.

Alguns postos que não exigem experiência profissional oferecem treinamento em instituições especializadas ou em suas próprias instalações, com a supervisão do encarregado de pista ou de um funcionário mais antigo destacado para ensinar as técnicas de trabalho ao novato.

Para os que já trazem consigo capacitação profissional e/ou alguma experiência, há vantagens na hora da contratação, mas esses profissionais precisam ser flexíveis para se adaptarem à nova empresa. Atendimento, equipamentos e produtos costumam ser diferentes de um posto para outro, sendo assim, o profissional deve estar disposto e atento para constante aprendizado e atualização.

Destacamos, a seguir, alguns pontos importantes para o profissional. São informações preciosas para quem deseja ingressar e permanecer no mercado de trabalho.

- ✓ **Imagem pessoal**
- ✓ **Facilidade para lidar com o público**
- ✓ **Ser um bom vendedor**
- ✓ **Facilidade com matemática e equipamentos informatizados**
- ✓ **Postura ética**

Imagem pessoal

Assim como o posto deve estar sempre limpo e ter um aspecto agradável, os funcionários devem cuidar da higiene e da aparência pessoal. O frentista e lubrificador José Manuel de Sousa conta que nem sempre foi assim.

"Antigamente, o posto não tinha cobertura. A gente trabalhava debaixo do sol. Quando chovia, usava uma capa velha. Hoje é o mesmo que trabalhar em escritório. Tenho muito cuidado com a imagem. A barba está sempre feita, o cabelo eu só uso baixinho, mantenho o uniforme limpo. Você sabe, com esse negócio de trocar óleo, sem querer a gente sempre suja um pouquinho. Tenho dois uniformes. Todo dia, quando chego em casa, boto o uniforme que usei no dia pra lavar."

Hoje o ambiente de trabalho oferece mais conforto. E exige que os funcionários se apresentem bem. A maioria dos postos possui regras bem claras a respeito da aparência pessoal.

O frentista Adenildo da Silva conta:

"Faço a barba todos os dias, vou sempre no barbeiro aparar o cabelo e tenho sempre as unhas e o uniforme limpos. Fui treinado pra isso. O cliente não pode chegar aqui e ver você barbudo. O posto tem que estar limpo. Isso faz parte da nossa aparência também."

Geiza Rangel Santos, 21 anos, atendente da loja de conveniência do Posto Iate/Shell, conhece bem as normas da empresa:

"Há uma grande preocupação com a imagem aqui. O uniforme tem de estar sempre limpo, bem passado. A unha tem de estar cortada e, se estiver pintada, tem de ser com esmalte claro, para não chamar atenção. Trabalho com a cabeça coberta, porque manipulo comida. Não posso trabalhar muito maquiada. Posso usar um batom claro, um brinco pequeno, nunca vulgar."

Apresentar-se bem é fundamental para quem lida com o público. A imagem pessoal cria o primeiro contato entre o cliente e o prestador de serviços. Mas há outros pontos para se observar.

Facilidade para lidar com o público

A capacidade de comunicar-se é um talento que algumas pessoas possuem naturalmente. No entanto, outras precisam de tempo para se sentir mais confiantes e aperfeiçoar o modo de lidar com as pessoas.

O profissional de posto deve ser espontâneo e desembaraçado - sem jamais tornar-se inconveniente. Nem sempre é fácil lidar com gente o tempo todo.

Pelo posto, passa todo tipo de pessoa: os sorridentes, os exigentes, os mal-humorados. Todos são clientes, todos devem ser tratados com cortesia e atenção, todos devem receber um tratamento que os incentive a tornarem-se clientes fiéis do estabelecimento.

Muitas vezes, um cliente bem-humorado passa pelo posto, limita-se a calibrar os pneus e nunca mais volta. Outras vezes, o sujeito zangado que é bem atendido torna-se um cliente fiel. Por isso, é preciso aproveitar as oportunidades de estabelecer vínculos de comunicação - mesmo que difíceis.

Conhecer melhor a pessoa, orientá-la adequadamente a respeito do produto ou serviço que está utilizando, ouvir suas reclamações são oportunidades que os profissionais de postos não podem perder.

"A gente tem que manter a calma pra não se aborrecer com o cliente. Quando a situação aperta, o ideal é chamar o encarregado. De vez em quando chega um cliente aborrecido e complica pro nosso lado. Mas isso é raro, uma vez na vida e outra na morte eles buzinam quando o posto está cheio. Tenho que fazer minha parte, que é atender bem. O conselho que eu daria para um frentista que estivesse começando é: seja paciente com o cliente. É ele que nos paga." (Marco Aurélio Ribeiro da Silva, frentista)

Ser um bom vendedor

Ninguém entra num posto de serviços para olhar vitrines. O cliente chegou até ali porque precisa de alguma coisa que pode ser encontrada naquele local. Essa é uma vantagem para quem trabalha no posto.

Mas é importante que o profissional compreenda que está sempre vendendo um serviço ou um produto. Sua postura deve ser a de um vendedor. É preciso atender à necessidade expressa pelo cliente (abastecer o carro, comprar um sanduíche, calibrar o pneu etc.), mas também sugerir complementos aos produtos escolhidos por ele, indicar as promoções etc.

Existem muitas técnicas de abordagem do cliente. A maioria dos postos oferece treinamento específico para padronizar o atendimento.

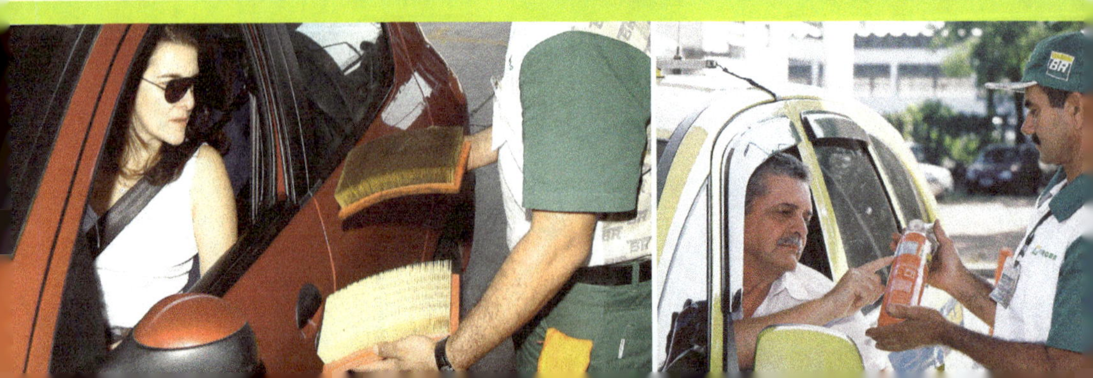

Alguns profissionais contam como isso acontece no dia a dia.

"Quando o cliente estaciona, eu primeiramente falo bom dia ou boa-tarde, dependendo da hora que ele chega. Em segundo lugar, pergunto qual o combustível que ele vai utilizar. Em terceiro, eu pergunto se ele quer que verifique o óleo e a água. Depois, pergunto se ele quer calibrar o pneu. No final, me despeço." (Cristiano Januário, frentista)

"Pra mim, não tem cliente fácil ou difícil. Ele quer ser bem atendido. Tem sempre aquele que complica, mas quem faz o cliente é a gente. A gente faz o cliente dando bom dia, dizendo quais são as promoções da casa, perguntando se ele quer mais alguma coisa." (Maria Rosa Ribeiro, caixa atendente)

"Aqui, o dono pede que sempre tenha bom atendimento. Por exemplo, sempre damos bom dia ao cliente. Oferecemos gasolina aditivada, mas não pressionamos. Pedimos para verificar a água e o óleo, sempre usando a palavra mágica "serviço de cortesia". Também oferecemos gratuitamente a calibragem, limpeza de para-brisa, a lavagem do carro, água e café. Fazemos até promoções de viagens: toda vez que o cliente abastece seu carro com 20 litros ganha pontos. Quando acumula 250, troca por *voucher* de viagem."
(Luís Gonçalves Júnior, gerente de posto)

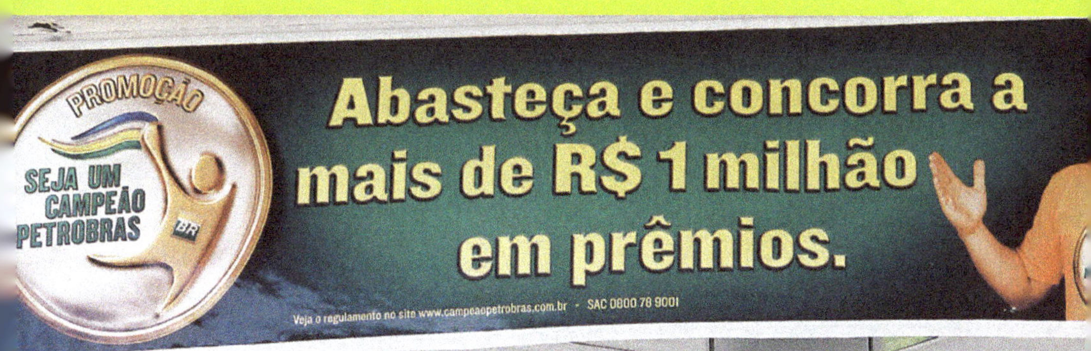

A venda de produtos em postos

Como diz Luiz Ratto, em seu livro *Comércio: um mundo de negócios*, a habilidade de um vendedor está em sua capacidade de lidar com o cliente, conduzindo-o para o fechamento da venda. Em geral, a venda pessoal segue as seguintes etapas:

→ **Aproximação** – É o primeiro contato com o cliente. De modo educado é possível ganhar a sua simpatia.

→ **Levantamento de necessidades** – O atendente deve descobrir as necessidades e preferências do cliente. Precisa aprender a perguntar o que o cliente deseja e saber ouvir suas respostas para conduzir a venda.

→ **Apresentação de produtos** – Mostrar os produtos em seus pontos positivos é um bom começo, por isso é tão importante conhecer aquilo que se vende. O vendedor nunca pode perder de vista as necessidades do cliente. Não adianta empurrar produtos de que o cliente não precisa.

→ **Superação de objeções** – O atendente que sabe argumentar, quando o cliente tem dúvida ou nega todas as ofertas, tem mais chances de completar a venda. Para isso, só conhecendo o produto que vende.

→ **Fechamento da venda** – Se as etapas anteriores foram seguidas, normalmente a venda se fecha sem problemas. Mas, às vezes, o cliente precisa de um estímulo. Reforçar as qualidades e as vantagens do produto é uma boa dica.

Facilidade com matemática e equipamentos informatizados

Atualmente efetuar operações matemáticas e lidar com máquinas são requisitos para qualquer pessoa que trabalhe no comércio. Será preciso calcular o troco das transações em dinheiro, conferir cheques e utilizar terminais de operações bancárias.

A informática está presente em tudo: nas formas de pagamento eletrônico, nas caixas registradoras computadorizadas, nas bombas de gasolina programáveis. Ninguém precisa saber de antemão utilizar esses equipamentos – a própria empresa providenciará o treinamento –, mas é necessário ter interesse em aprender, claro.

Aprender não depende da idade. O frentista José Manuel de Sousa tem 55 anos, trabalha em postos há 35 anos e não completou o ensino fundamental. No entanto, está sempre atualizado. "Toda vez que troca a bomba, eu sou o primeiro frentista a aprender. Hoje a bomba faz tudo sozinha, basta a gente programar. Não pode ter medo de aprender."

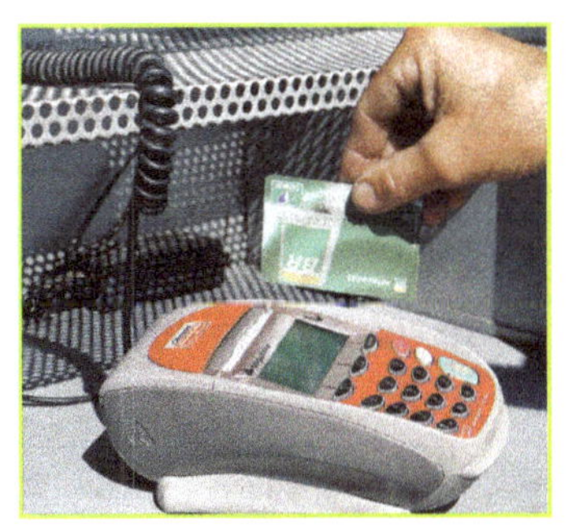

Postura ética

Ética é a parte da filosofia que estuda os valores, a conduta, o que é certo e o que é errado. Mas o fato de ser uma parte da filosofia não quer dizer que esteja distante do nosso dia a dia. Quando avaliamos a conduta de alguém, estamos usando critérios éticos que aprendemos ao longo da nossa vida.

A todo momento estamos diante de questões éticas e nem percebemos isso. De maneira geral, o profissional com boa conduta ética cultiva qualidades como a honestidade, a disciplina, a seriedade, o respeito às regras e normas e ao patrimônio da empresa.

No comércio, esse é um aspecto especialmente importante. O setor lida com clientes exigentes e bem informados, que não admitem ser enganados. Além disso, postos de serviços trabalham com vendas e mexem com dinheiro. Honestidade é quesito fundamental para a permanência em uma empresa.

Em postos de serviços, essas questões se somam a outras mais específicas. Um exemplo bem comum é o do funcionário pressionado pelas metas de vendas da empresa que começa a tentar empurrar produtos para os clientes. É uma situação difícil. Além de lesar o consumidor, acaba prejudicando a própria imagem da empresa.

Por isso, o frentista Adenildo da Silva diz: “Não me sinto pressionado pelas metas. Tenho que vender, não empurrar produto”.

Exercício

1 Faça uma listagem do que é adequado e inadequado para a imagem do profissional. Depois, solicite a opinião de um colega sobre a sua imagem.

____

____

2 O que significa para você qualidade em atendimento? Como você gostaria de ser atendido em um posto de serviços?

____

____

3 Leia novamente as etapas de venda na página 44. Em dupla, pratique a venda de um extintor de incêndio, um aditivo, uma troca de filtro de ar e palhetas de limpador de para-brisas. Numa simulação de venda seja cliente e noutra, vendedor.

____

____

4 Marque um X nos itens que você considera postura ética.

( ) Levar o trabalho a sério

( ) Ter bom caráter

( ) Seguir as normas da empresa

( ) Prometer e não cumprir

( ) Vender produtos fora do prazo de validade

( ) Enganar o cliente

( ) Ser honesto

( ) Vender ao cliente produto de que ele não necessita

( ) Respeito às coisas dos outros

( ) Falar mal dos outros pelas costas

( ) Depredar o patrimônio do posto

FUNCIONAMENTO DO POSTO

Você conhece as bandeiras que atuam no Brasil?

Selecionamos o nome de oito bandeiras para você pesquisar seus logotipos em jornais e revistas e colar aqui. Se não os encontrar, faça você mesmo os desenhos, baseado na sua observação pelas ruas da cidade.

1 **Esso**

2 **Forza**

3 **Ale**

4 **Petrobras**

5 **Repsol**

6 **Shell**

7 **Agip**

8 **Texaco**

Cada posto com sua bandeira

Até muito pouco tempo atrás, todos os postos podiam ser identificados por sua bandeira: BR, Shell, Esso, Texaco... Nesses estabelecimentos, só se vendiam produtos da marca do distribuidor, desde o combustível até os lubrificantes, aditivos etc.

Com a desregulamentação do setor, na década de 1990, surgiram também os postos de bandeira branca. São aqueles que não estão diretamente ligados a nenhum distribuidor e oferecem produtos de diferentes fabricantes.

Um dia no posto

Nas páginas 22 e 23 você observou o ambiente de trabalho em um posto de serviços: recepção de clientes, troca de pneus, verificação de fluidos, lavagem de automóvel, gerência trabalhando e clientes saindo da loja de conveniência. Pela pista não transitam só clientes, mas uma série de pessoas cujos serviços ajudam a manter o posto em funcionamento.

Um dia em um posto é mais ou menos assim: amanhece... os postos que funcionam 24 horas se preparam para trocar o turno e os postos que fecharam na noite anterior começam a receber seus profissionais que, no vestiário, vão se arrumar para iniciar o dia de trabalho.

O encarregado de pista retira os cadeados das bombas e liga os disjuntores. Frentistas verificam o sistema de rodízio: quem será o responsável pela abertura e fechamento do caixa, quem vai limpar os banheiros, quem lavará a pista. O gerente abre o escritório, verifica o estoque de produtos, faz pedidos.

Começa a movimentação do dia. Uma vez por semana, uma empresa especializada recolhe o lixo tóxico. Produtos chegam. O gás natural veicular (GNV) vem pela tubulação subterrânea, mas gasolina, álcool e diesel são transportados em caminhões-tanques das refinarias até os postos. Seu recebimento é cercado por normas de segurança e regras especiais (ver páginas 103-106).

Caso alguma bomba apresente problemas, é preciso comunicar ao gerente de pista e chamar a empresa responsável pela manutenção do equipamento. Ninguém deve tentar "dar um jeitinho" e não é tarefa do frentista consertar equipamentos. De qualquer maneira, de seis em seis meses a empresa faz a manutenção preventiva de todos os equipamentos.

Na loja de conveniência, os atendentes fazem a limpeza do am biente, organizam os produtos nas gôndolas, geladeiras e *displays*. O responsável abre o caixa, o atendente do *fast food* inicia a arrumação das estufas de lanches e salgados, conforme as normas do lugar.

Tudo pronto. Todos em seus lugares. Ambiente limpo, caixa aberto, máquinas funcionando. Os clientes serão bem-vindos.

Higiene: um ponto crítico das instalações

Um ambiente limpo também representa qualidade em prestação de serviços e sobretudo demonstra respeito à saúde do consumidor. Manter o ambiente de trabalho organizado e o mais limpo possível é uma norma em todos os postos reconhecidos pelo bom atendimento.

A gerência costuma determinar os produtos e os utensílios usados para a higienização das instalações, de acordo com as características de cada local.

Nas áreas da loja de conveniência, os cuidados com a conservação dos alimentos (armazenamento e refrigeração) aliam-se à higiene pessoal e à higiene do ambiente para evitar contaminação. As paredes, pisos e tetos devem ser mantidos limpos e bem conservados diariamente. É preciso dar atenção especial aos banheiros e vestiários, sempre usados por muita gente. Os balcões, estufas e gôndolas devem ser higienizados a cada troca de produto. O lixo, embalado, retirado com regularidade e deixado em local predeterminado.

A pista e os pisos dos boxes (borracharia, lubrificação, lavagem) devem ser varridos, lavados diariamente e desobstruídos para evitar escorregões ou quedas.

Os equipamentos e instrumentos de trabalho devem ter manutenção constante, pois os clientes ficam de olho em todos os detalhes.

Em linhas gerais, a higienização compreende limpeza, lavagem e, algumas vezes, desinfecção.

→ **Limpeza:** varrer, remover sujeiras e resíduos que são visíveis a olho nu. Em alguns lugares, é feita com pano úmido limpo – pano sujo não resolve!

→ **Lavagem:** esfregar usando água e sabão para remover a sujeira. A lavagem pode reduzir os microrganismos a níveis aceitáveis. Alguns dos produtos mais usados na lavagem são detergente, sabão, desengordurante, sabonete antisséptico. Muitas vezes a limpeza e a lavagem são feitas numa só operação.

→ **Desinfecção:** eliminar ou reduzir os micro-organismos (não visíveis a olho nu) a níveis aceitáveis. A desinfecção pode ser feita com álcool 70%, solução clorada ou água sanitária. A fervura de instrumentos, equipamentos e utensílios por 10 ou 15 minutos em geral é usada na cozinha da loja de conveniência.

Os profissionais do posto

Os postos costumam ter dois níveis gerenciais: o gerente geral e o gerente de pista.

O **gerente geral** representa o dono do posto e cuida de toda a parte administrativa e financeira do estabeleci mento. Também se relaciona diretamente com contadores e fiscais.

O **gerente de pista**, também chamado de encarregado de pista, é quem supervisiona os serviços prestados pelos demais funcionários. Controla os estoques de combustíveis, lubrificantes, aditivos e acessórios, informando seus superiores da necessidade da compra de produtos. Também é o responsável pelo recebimento do combustível e pela solicitação de manutenção dos equipamentos e instalações.

O **frentista** é o profissional mais popular do posto, talvez por ser aquele que primeiro atende ao cliente. O frentista fica na linha de frente para receber o cliente, posicionando o veículo na ilha de abastecimento. Tem várias funções,

mas especialmente a de recepcionar em primeira mão o cliente. Por isso mesmo reflete a imagem do posto. É ele que encaminha o cliente para outros serviços após o abastecimento.

O **lubrificador** faz a recepção e o posicionamento do veículo no boxe para verificação e troca de fluidos. Em certos postos, esse serviço é especial e exige um técnico só para a tarefa.

Borracheiro/calibrador é o profissional que verifica a pressão, conserta e troca pneus danificados. Postos de maior porte têm profissionais específicos para a função de borracheiro, mas a calibração de pneus muitas vezes é feita pelo frentista ou outro funcionário que saiba utilizar o equipamento.

O **lavador/enxugador** de autos orienta o motorista no posicionamento do veículo no local adequado para a lavagem, que pode ser desenvolvida de forma automatizada ou manual.

O **atendente** de loja de conveniência informa sobre os produtos expostos, organiza as prateleiras da loja e serve o cliente. Muitas vezes cuida do estoque, recebe produtos, confere notas fiscais e ainda é caixa. É claro que há sempre mais de um funcionário para o revezamento das atividades.

Jornada e escala de trabalho

A jornada de trabalho (período de tempo em que o trabalhador deve prestar serviços ou permanecer à disposição do empregador) determinada por lei é de 44 horas semanais.

Os horários e as escalas de trabalho variam de posto para posto, especialmente para aqueles que ficam abertos 24 horas. O horário pode ser flexível quanto ao início e ao término de cada jornada, desde que se cumpra a duração diária de trabalho, de acordo com a Consolidação das Leis do Trabalho (CLT).

Além do salário e dos benefícios previstos pela CLT, quem trabalha em posto tem direito a receber também o adicional de periculosidade e/ou insalubridade e o adicional noturno, quando devidos.

O acréscimo de periculosidade é a remuneração extra que assegura um adicional de 30% sobre o salário. Deve ser pago a trabalhadores cuja natureza ou método de trabalho exige contato permanente com eletricidade ou substâncias inflamáveis, explosivas ou radioativas em condição de risco acentuado. É previsto na norma regulamentadora NR-16 do Ministério do Trabalho e do Emprego (MTE).

O trabalho considerado insalubre é aquele realizado em condições que expõem o trabalhador a agentes nocivos à saúde acima dos limites tolerados, seja por sua natureza, intensidade ou tempo de exposição. O adicional de insalubridade é calculado sobre o salário-mínimo da região ou sobre o salário nominal. Os limites de tolerância das condições insalubres são determinados pelo MTE e apresentam a seguinte variação:

- ✓ **40%, para o grau máximo**
- ✓ **20%, para o grau médio**
- ✓ **10%, para o grau mínimo**

O adicional noturno refere-se ao trabalho que é realizado à noite. O frentista tem direito de receber uma compensação de 20% sobre as horas extras trabalhadas. No entanto, esse critério não se aplica se o trabalho for executado em revezamento semanal ou quinzenal.

SEGURANÇA NO TRABALHO

Sempre há riscos de acidentes ou danos à saúde no exercício de uma profissão, por menos perigosa que ela possa parecer.

No caso dos postos de serviços, esses riscos são maiores. Afinal, é um lugar onde são manipuladas substâncias tóxicas (que causam contaminação) e inflamáveis (que podem pegar fogo). Sem falar do risco de quedas provocadas por escorregões em fluidos nos pisos.

Prevenir acidentes de trabalho é responsabilidade de todos, tanto do empregador quanto do empregado. Conheça agora algumas regras e normas que ajudam a tornar o trabalho mais seguro. Chamaremos atenção ao meio ambiente, que às vezes sofre com a falta de cuidado e consciência de alguns desavisados. E não deixe de ver e ler com muita atenção a técnica de utilização do extintor de incêndio na página 107.

Prevenção de acidentes

Se alguém tem dúvida de que "prevenir é melhor que remediar", no trabalho em posto de serviços esse provérbio faz todo o sentido. Preste atenção às recomendações básicas para a prevenção de acidentes.

Vamos limpar este chão?

Você já deve ter observado que as pistas de postos de serviços estão sempre úmidas. Não se trata apenas de higiene, é também questão de segurança.

Boa parte dos acidentes (quedas, contusões, entorses) ocorridos nos postos é provocada pelo derramamento de combustíveis ou produtos no chão. Para evitá-los, é necessário manter o piso sempre limpo.

Na maior parte dos casos, o produto mais indicado para a limpeza é a água, apenas água. E o motivo é simples: ela é um isolador natural de produtos químicos.

O piso da pista deve ser lavado todos os dias na abertura do posto, e quantas vezes mais forem necessárias ao longo do dia. Além disso, caso algum produto caia no chão, é preciso limpá-lo imediatamente. Isso vale também para o detergente usado na lavagem dos vidros.

Tropeçar, para quê?

Ninguém pode tropeçar na mangueira da bomba de gasolina, nem o frentista e nem o cliente. A única maneira de evitar esse tipo de acidente é mantê-la sempre no lugar correto. Mangueira à vontade na pista depois do abastecimento, nem pensar! Objetos no meio do caminho também são convites para quedas.

Mantenha o ambiente de trabalho organizado. Baldes, regadores, rodos, vassouras, panos, esponjas... cada um tem seu lugar, e com certeza não é na pista.

Com que roupa eu vou?

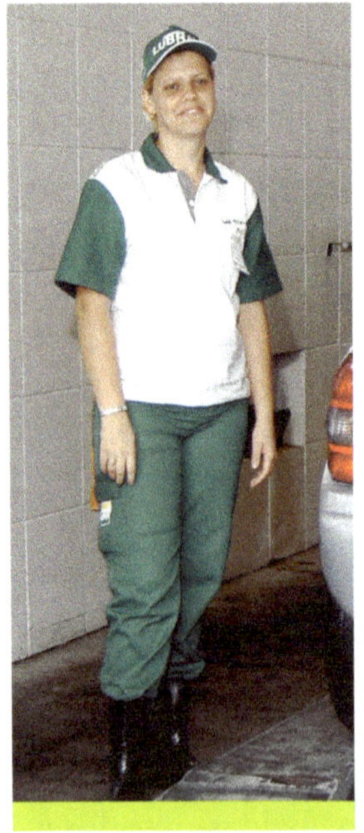

O uniforme é fundamental não apenas para a boa imagem do posto de serviços, como também para identificar quem é funcionário ou não. Mais que isso, o uniforme é uma questão de segurança, pois evita o contato direto de produtos químicos com a pele, caso haja descuido. Sempre composto de tecido resistente, o uniforme é, em geral, um macacão ou uma camisa combinada com calça comprida. Nos pés, botas ou sapatos de solado antiderrapante. Capa de chuva é um acessório importante para algumas regiões e blusão de mangas compridas, para regiões mais frias.

No caso do lubrificador, também é aconselhável usar guarda-pó e óculos especiais. Lavador e enxugador podem usar um avental impermeável, além do uniforme comum. Atendente de loja de conveniência geralmente tem uniforme diferenciado: usa touca ou boné e luvas descartáveis quando manipula alimentos.

Saúde protegida, segurança garantida

Algumas normas, determinadas pelo Ministério do Trabalho e Emprego, têm a finalidade de proteger a saúde do trabalhador. As principais são o Programa de Controle Médico de Saúde Ocupacional (PCMSO) e o Programa de Prevenção de Riscos Ambientais (PPRA).

→ PCMSO

Quem tem ou já teve emprego com carteira assinada sabe: para ser contratado é obrigatório passar por exames médicos, que são repetidos uma vez por ano e também a cada vez que o trabalhador muda de função ou é demitido. Parece burocracia, mas não é. Esses exames fazem parte do Programa de Controle Médico de Saúde Ocupacional e têm a finalidade de verificar se a saúde do profissional não está sendo prejudicada pela função que exerce. Além disso, o laudo produzido pelo médico pode ajudar a prevenir doenças.

→ PPRA

Este programa não examina o funcionário, mas o ambiente no qual ele trabalha. Especialistas visitam o estabelecimento, avaliam os riscos oferecidos pelo local de trabalho e estudam maneiras de diminuir situações que possam vir a ser danosas para a saúde do profissional.

Prevenção de incêndios

Princípio de incêndio em postos de serviços pode ser muito complicado. Afinal, trata-se de um lugar com alta concentração de material inflamável.

Caso surja alguma situação de perigo, mantenha a calma. Esta é sempre a primeira recomendação, mas aqui também trataremos de algumas medidas para prevenir e combater princípios de incêndios.

Incêndio é fogo!

Comburente + Combustível + Calor = Fogo

Comburente é o oxigênio do ar.

Combustível é todo material que pode pegar fogo.

Calor é uma forma de energia que propaga o fogo, como curto-circuito, atrito, aquecimento, superaquecimento.

O fogo se forma pela combinação destes três elementos: comburente, combustível e calor. Portanto, para evitar incêndios, basta que eles não se juntem.

O raciocínio é o mesmo para que um incêndio não se propague, ou seja, basta eliminar um dos três elementos. Por exemplo, se um motor de carro estiver pegando fogo, o procedimento correto é não abrir totalmente o capô. Facilitar a entrada de oxigênio só aumentaria o fogo. O extintor deve ser usado através de uma pequena abertura no capô. Em outras palavras, nesse caso, minimizar o comburente (o ar) ajuda a acabar com o fogo.

Outro exemplo: se na hora do abastecimento o cliente desce do carro e acende um cigarro, imediatamente o frentista deve pedir, com educação, para que o apague. A brasa do cigarro ou a chama do isqueiro ou do fósforo representam o calor que precisa ser eliminado da fórmula: comburente + combustível + calor = fogo.

Em um posto de serviços, a solução para prevenir incêndios é, portanto, manter o calor bem longe dos inflamáveis: gasolina, álcool, diesel, GNV, graxas e todos os fluidos. Essa é uma das responsabilidades dos profissionais.

E de onde pode vir o calor?

- ✓ **Cigarros**
- ✓ **Fósforos e isqueiros**
- ✓ **Aquecimento e superaquecimento de motores de veículos**
- ✓ **Curto-circuito nas instalações elétricas do posto**
- ✓ **Foco de incêndio nas proximidades do posto**
- ✓ **Faíscas originadas por atrito de metais**

Exatamente por isso é proibido fumar, usar fósforos ou isqueiros nas áreas dos postos de serviços onde há materiais combustíveis – especialmente durante o abastecimento, a troca de fluidos e o recebimento de combustíveis.

Quanto à polêmica questão sobre o uso de celulares em postos de serviços, a explicação dada pelo setor de segurança, meio ambiente e saúde da BR é a seguinte:

“Para que um telefone celular funcione como fonte de ignição, ou seja, se torne causador de um incêndio ou explosão, é necessário que a mistura de vapor de gasolina e ar, numa proporção entre 1,3% e 6%, penetre no aparelho. Após o preenchimento do espaço interno do aparelho com esta mistura gasosa, o toque da campainha, o alarme ou a bateria mal ajustada pode gerar uma centelha elétrica, servindo de ignição." (www.br.com.br)

Embora a possibilidade de um acidente seja remota - afinal os aparelhos modernos estão cada vez menores -, a polêmica vem à tona de vez em quando, mas até hoje as pesquisas não indicam o risco real de um celular provocar acidentes em postos de serviços.

O uso de extintores de incêndio

Princípios de incêndio podem ser resolvidos com o uso de extintor. Mas se as chamas se alastrarem, é melhor chamar logo o Corpo de Bombeiros.

Por isso e por outras razões, todo posto deve ter no escritório, ao lado do aparelho telefônico, uma lista de telefones úteis para casos de emergência. Melhor ainda é conhecê-los de cor: corpo de bombeiros, pronto-socorros e hospitais mais próximos, polícia.

As três condições básicas para o uso de extintores são:

- ✓ **O pessoal que eventualmente vai usá-los precisa ser treinado periodicamente.**
- ✓ **A localização dos extintores deve ser de fácil acesso. E os equipamentos distribuídos nas áreas que precisam de proteção.**
- ✓ **A manutenção dos extintores é periódica. E são obrigatórios os selos da Associação Brasileira de Normas Técnicas (ABNT) e do Instituto Nacional de Metrologia, Normalização e Qualidade Industrial (Inmetro).**

Além de treinar a técnica de uso do extintor, o profissional precisa aprender um pouco sobre as classes de fogo. Certamente, a parte prática vai estar incluída no seu treinamento. Neste livro apresentaremos a técnica de uso através de um passo a passo, mas primeiro é bom conhecer as classes de fogo, quer dizer, os tipos de materiais que produzem chamas.

Classe A – São materiais sólidos de fácil combustão. Queimam em sua superfície e profundidade e deixam resíduos. Os exemplos mais comuns são tecido, madeira, borracha, papel etc.

Classe B – São materiais gasosos e líquidos inflamáveis, comuns em postos de serviços. Queimam somente em sua superfície e não deixam resíduos, como gasolina, álcool, óleo, gás, querosene, vernizes, tintas etc.

Classe C – Equipamentos elétricos energizados, tais como: bateria, parte elétrica do carro, compressores, resistências, transformadores, quadros de distribuição, fios elétricos etc.

Existe um tipo de extintor para cada classe de fogo. O quadro da página 65 faz uma síntese do uso de extintores e algumas orientações. Depois de ler atentamente o quadro, vá até a página 107 e acompanhe a técnica de utilização do extintor demonstrada pelo bombeiro.

Um último lembrete

Os postos de serviços devem ter sempre vários extintores em locais estratégicos, perto das ilhas de abastecimento, no escritório, na loja de conveniência, no boxe de lubrificação e onde haja risco de foco de incêndio.

Os tipos de extintores e seu uso

Classe de fogo	Tipo de extintor adequado	Orientações
Classe A (sólidos)	Água-gás Água pressurizada	• Dirigir o jato à base do fogo.
Classe B (líquidos e gasosos)	Pó químico CO_2 (gás carbônico)	• Jamais usar água. • Dirigir o jato à base do fogo, espalhando o gás ou o pó em movimentos de varredura.
Classe C (elétricos)	Pó químico CO_2 (gás carbônico)	• Jamais usar água. • Dirigir o jato à base do fogo, espalhando o gás ou o pó em movimentos de varredura. • Assim que a energia elétrica é cortada, o incêndio passa para a classe A ou B. Se o material for sólido, usar extintor de água-gás ou água pressurizada.
Classe A, B e C (todos os materiais)	ABC	• Recomendado para uso em automóveis, porque os incêndios que iniciam no motor passam rapidamente para o painel, carpete e estofamento. A praticidade está em não precisar identificar a classe do fogo. • Espalhar o jato em zigue-zague sobre as chamas.

Cuidados: 1) Não utilizar o extintor com lacre rompido. 2) Após o uso do extintor, limpar as áreas atingidas e manter o local arejado.

Cuidados com o meio ambiente

Preservar o meio ambiente também deve ser uma das grandes preocupações dos profissionais de postos de serviços. Armazenamento de combustível, poluição do ar e lixo tóxico são três pontos críticos desse ambiente de trabalho. Vejamos cada um deles.

Armazenamento de combustível

Antigamente, o maior problema dos postos em relação ao meio ambiente era o armazenamento subterrâneo de combustíveis. Os tanques eram feitos de chumbo (um metal altamente tóxico) e, com o passar do tempo, o combustível corroía as paredes do reservatório e das tubulações. A corrosão provocava vazamentos que acabavam contaminando o solo.

Esses acidentes são evitados desde que a resolução do Conselho Nacional do Meio Ambiente (Conama) estabeleceu que todos os tanques de chumbo deveriam ser substituídos por tanques jaquetados, ou seja, tanques de paredes duplas (uma interna de aço-carbono e outra externa em material não metálico e isolamento antitérmico) com um equipamento de monitoramento intersticial (instalado no vão entre o tanque de aço e o tanque não metálico que o reveste). São também conhecidos como tanques ecológicos.

Tanques ecológicos, tubulações de alta resistência, pisos impermeáveis e drenagem que evitem o contato de combustíveis com o solo, todos esses requisitos aliados à monitoração constante reduzem a zero a possibilidade de vazamento de combustíveis nos postos de serviços. É o que se espera hoje de um posto ecologicamente correto.

Veja as fotos de substituição de um dos tanques do Auto Posto Maramar/Shell, na Avenida das Américas, no Rio de Janeiro.

1 **Tanque antigo retirado e novas tubulações subterrâneas.**

2 **Compactação da área sobre o novo tanque.**

3 **Pavimentação da área sobre o novo tanque.**

Poluição do ar

O ar das grandes cidades é contaminado diariamente por centenas de poluentes e muitos deles derivam dos resíduos da queima de combustíveis. Mas a situação já foi pior. No passado, o contato da gasolina com os tanques elevava o teor de chumbo nela contido. Ao ser queimada no motor, a gasolina provocava um incrível aumento da poluição do ar.

Hoje o cenário é outro. A adoção de tanques ecológicos, a mudança da composição da gasolina (o chumbo foi substituído pelo álcool etanol) e veículos com catalisadores que passam por análises de gases anualmente ajudam a melhorar a qualidade do ar que respiramos.

O uso de combustíveis renováveis como o etanol (álcool) e o biodiesel (óleo vegetal misturado ao diesel) representa duas iniciativas bem-sucedidas do Brasil, tanto para o controle da poluição quanto para a substituição gradativa do petróleo como principal fonte de energia. Ao mesmo tempo, os veículos bicombustíveis impulsionaram a produção de etanol nos últimos anos e o Programa Nacional de Biodiesel – lançado no final de 2004 – tem chance de tornar o biocombustível o "ouro verde" de que o meio ambiente precisa.

Nas próximas décadas, a tendência é que países desenvolvidos e em desenvolvimento aumentem seu interesse pelos biocombustíveis e façam investimentos cada vez maiores em energias alternativas. O Brasil tem hoje uma posição privilegiada, pois domina a tecnologia do etanol a partir da cana-de-açúcar e, segundo estimativas, seria capaz de produzir sozinho 50% do etanol consumido no mundo.

Outro combustível que está contribuindo para diminuir a poluição é o gás natural veicular. O GNV é considerado a alternativa energética mais limpa que já surgiu até hoje para o meio ambiente. E o motivo é simples. Ao contrário de todos os outros combustíveis, ele queima completamente, sem deixar resíduos no ar. O Brasil ultrapassou a marca de 1,3 milhão de veículos leves convertidos para GNV. É a segunda maior frota do mundo, só perdendo para a Argentina.

Lixo tóxico

Recipientes vazios (latas, galões de plástico) com fluidos remanescentes e óleo queimado podem causar contaminação, caso não seja dada a devida atenção aos seus destinos.

Sobras → Sempre sobra fluido limpo nos recipientes. Geralmente os vasilhames são deixados de boca para baixo escorrendo numa pingadeira. O óleo que fica no recipiente é despejado no reservatório do posto.

Recipientes → De lata, alumínio ou plástico, recipientes vazios não podem ser jogados no lixo comum, devem ser separados e armazenados até que sejam recolhidos por empresa especializada. Se forem levados para um lixão da cidade, restos de óleo contaminarão o solo e, além disso, os recipientes também podem ser reciclados. Para recolhê-los, o posto deve contratar uma empresa especializada e cadastrada na Fundação Estadual de Engenharia do Meio Ambiente (FEEMA). A periodicidade da retirada do lixo varia de acordo com o movimento dos postos. É comum que o gerente cuide disso, algumas vezes o próprio encarregado de pista.

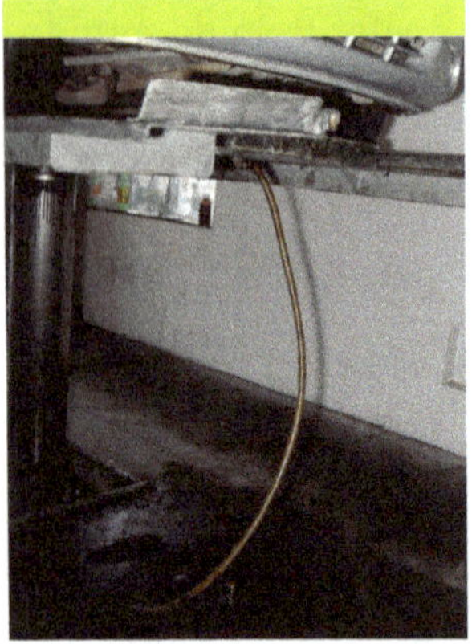

Óleo queimado → Antes da troca, o óleo queimado sai do motor do carro diretamente para um reservatório. É responsabilidade do posto chamar uma empresa especializada para recolher o produto do reservatório.

Exercício

O QUE FAZER QUANDO...

... cai óleo lubrificante na pista?

____

____

... espuma de sabão fica espalhada pela pista?

____

____

... a mangueira da bomba de combustível fica desenrolada?

____

____

... encontrar qualquer objeto ou produto no meio do caminho?

... o cliente acende um cigarro no momento em que está abastecendo o veículo?

... ocorre um curto-circuito na loja de conveniências formando uma labareda dentro da loja?

... uma bomba de abastecimento apresenta defeito?

... não se controla um princípio de incêndio e o fogo começa a se alastrar?

... os recipientes vazios de óleo lubrificantes se acumulam?

... acabou de chegar um caminhão-tanque no posto?

TÉCNICAS DE TRABALHO

Agora é hora de ver, na prática, como é o trabalho no posto. Seguindo as fotos, vamos acompanhar as principais técnicas que fazem parte do dia a dia dos profissionais de postos de serviços.

- Abastecimento de gasolina, álcool e diesel
- Abastecimento de GNV
- Calibragem
- Troca de pneu
- Troca de óleo
- Lavagem semiautomática
- Lavagem manual e limpeza interna
- Recebimento de combustível e controle de qualidade
- Uso do extintor

Abastecimento de gasolina, álcool e diesel

Orientar o motorista a posicionar o veículo na ilha, de modo que a entrada do tanque fique próxima à bomba.

Cumprimentar o cliente. Perguntar com qual tipo e que quantidade de combustível ele deseja abastecer o veículo e qual a forma de pagamento. Pegar a chave e verificar suas condições. Caso esteja danificada, informar ao motorista antes de usá-la. Pedir que o cliente apague o cigarro, caso esteja fumando.

Abrir a tampa do tanque.

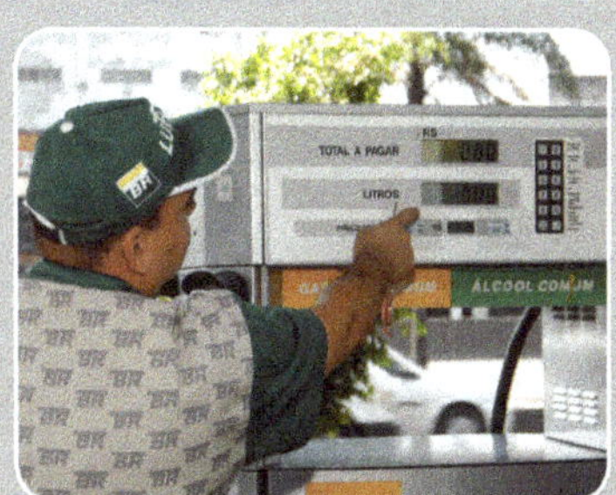

Zerar a bomba e mostrá-la ao cliente.

Introduzir o bico da bomba de abastecimento no tanque, tendo o cuidado de apoiá-la em uma flanela para evitar que o combustível respingue na lataria. Por segurança, o frentista deverá ter o cuidado de posicionar-se a favor do vento, devido à emissão de gases.
Se o cliente pedir para completar o tanque, não vá além do terceiro corte do bico da bomba de abastecimento, porque pode provocar mau funcionamento do veículo. É preciso deixar espaço para os gases dentro do tanque.

Colocar o bico de volta na bomba, enrolar a mangueira ou pendurá-la no gancho para não obstruir a pista.

Fechar a tampa do tanque.

Perguntar se o cliente deseja "checar a frente", ou seja, verificar reservatórios de água, filtro de ar, nível e textura do óleo.

Abrir o capô e fixar a vareta para mantê-lo aberto com segurança. Checar se os níveis dos reservatórios de água estão corretos. Caso seja necessário, completá-los. Oferecer ao cliente produtos próprios para os reservatórios.

Verificar o óleo do motor: retirar a vareta de medição manual e limpá-la. Recolocar a vareta no local e retirar para checar o nível e a textura do óleo.

Mostrar a vareta medidora para o cliente. Caso seja necessário e o cliente concorde, completar o nível do óleo. A vareta apresenta marcações de nível mínimo e máximo, e o óleo deverá estar entre os limites.

Verificar as condições do filtro de ar e mostrar ao cliente. Caso o filtro esteja muito sujo, propor a troca, explicando os benefícios para o motor.

Repor a vareta no alojamento e fechar o capô.

Pedir permissão para lavar o para-brisa. Em caso positivo, solicitar que feche as janelas. Levantar as palhetas e, com uma esponja macia ou pano, lavar os vidros com água e sabão.

Enxaguar os vidros.

Baixar as palhetas e solicitar que o cliente ligue o limpador de para-brisas. Verificar se as borrachas das palhetas estão boas. Em caso negativo, sugerir sua troca.

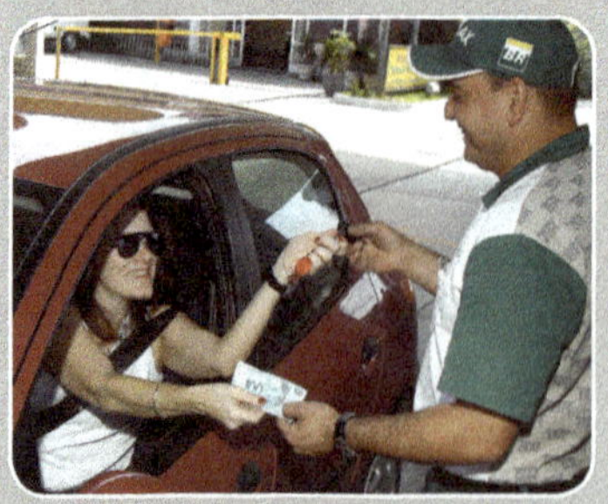

Efetuar a cobrança e despedir-se do cliente.

Abastecimento de GNV

Orientar o motorista a posicionar o veículo na ilha de abastecimento, próximo à bomba de GNV.

Abrir o capô do veículo e fixar a vareta para mantê-lo aberto com segurança.

Cumprimentar o cliente. Perguntar quanto será de abastecimento e qual a forma de pagamento. Checar se toda a parte elétrica foi desligada (faróis, setas, pisca-alerta, ignição, aparelho de som) enquanto acompanha o cliente na abertura do porta-malas.

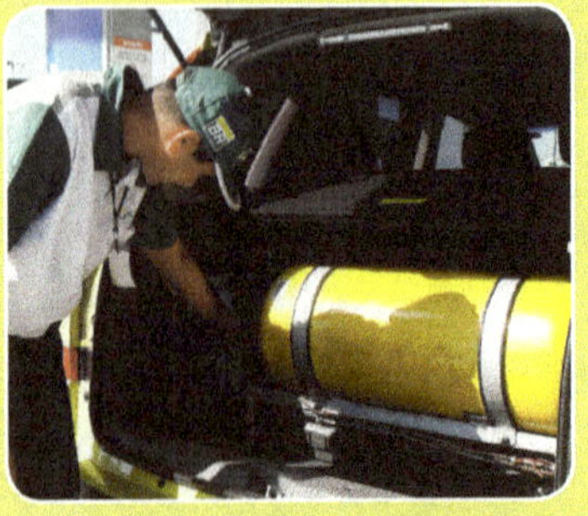

Abrir o porta-malas é uma medida de segurança, pois se ocorrer uma pane no sistema de abastecimento do GNV (vazamento ou compressão de gases no interior do veículo), a abertura permitirá a liberação de gases, evitando um acidente. Checar se o cilindro é específico para GNV.

Solicitar que o cliente e os passageiros aguardem o abastecimento do lado de fora do veículo. Pedir ao cliente para apagar o cigarro, caso esteja fumando.

Tirar o pino-trava da válvula do tanque no veículo. Não deixar o pino trava sobre a bateria. Em algumas bombas, o momento de posicionar o fio-terra é agora.

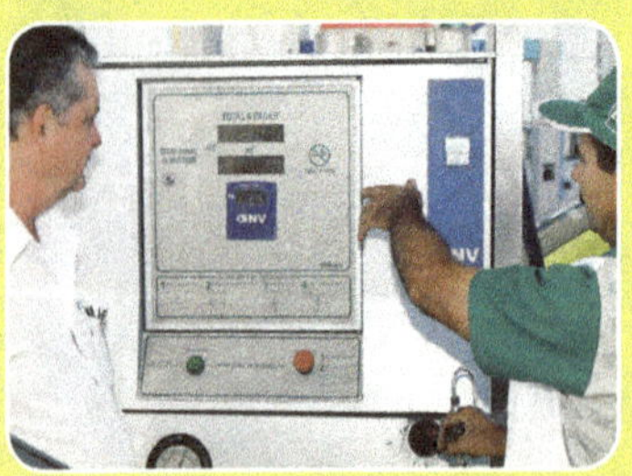

Pegar o bico de abastecimento. Em bombas automáticas, o marcador zera automaticamente. Programar o valor do abastecimento. No caso de bomba mecânica, controlar manualmente o valor solicitado.

Checar o *ring* (anel) do bico de abastecimento.

Conectar o bico de abastecimento na válvula do tanque. Em algumas bombas o fio-terra está acoplado ao bico de abastecimento.

Abrir a válvula para iniciar o abastecimento. Não é preciso ficar segurando.

Ao término do abastecimento, fechar a válvula e retirar o bico de abastecimento.

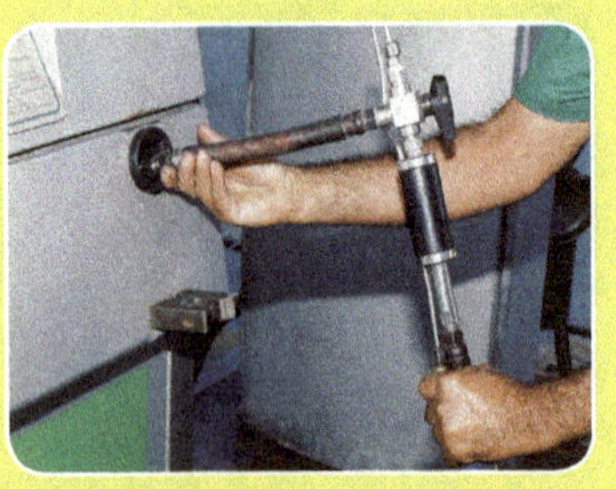

Recolocar o bico de abastecimento na bomba de GNV. Em algumas bombas, retirar o fio-terra e reposicioná-lo na ilha.

Fechar a válvula do tanque do veículo com o pino-trava.

Aproveitar o capô aberto para "checar a frente", conforme orientações das páginas 76 e 77. Fechar o capô. Se o cliente quiser, lavar os vidros conforme a técnica da página 78.

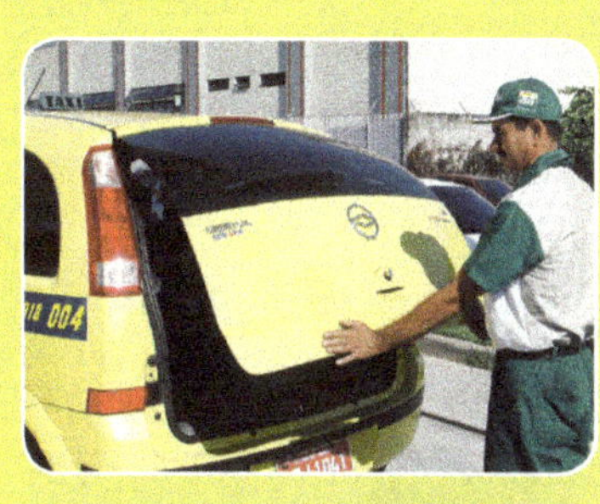

Fechar o porta-malas. Às vezes o próprio cliente se adianta e fecha o porta-malas.

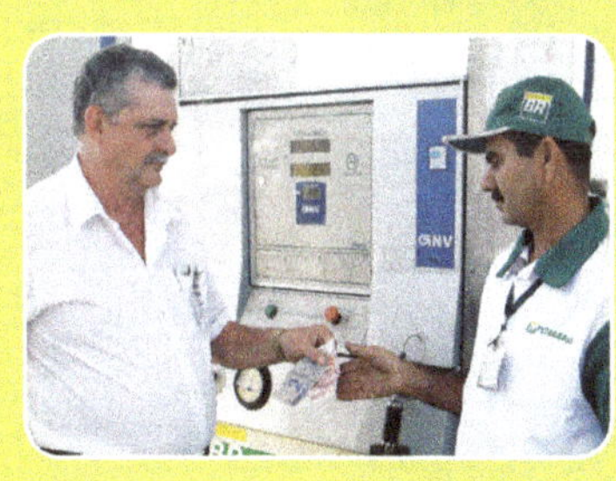

Efetuar a cobrança.

Despedir-se do cliente.

Calibragem

Encaminhar o cliente para a bomba de calibragem.

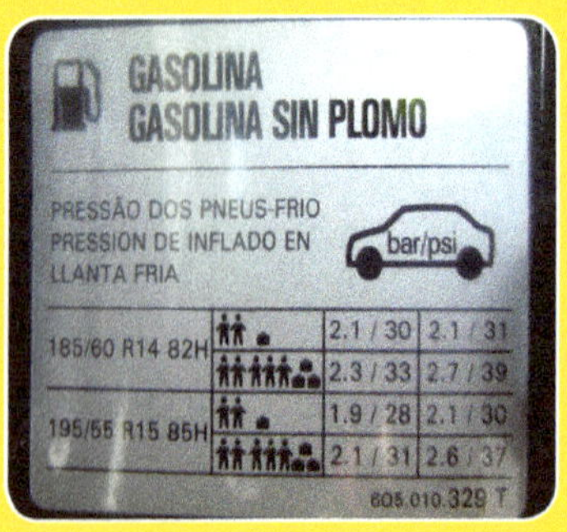

Perguntar se o cliente prefere calibrar com ar ou nitrogênio e quantas libras serão colocadas nos pneus traseiros e dianteiros. Caso o cliente não saiba, pedir para ver a tabela fixada na coluna da porta do motorista, na tampa do combustível ou no manual do veículo (ver p. 86).

Digitar a quantidade de libras na bomba, no caso de bomba automática.

Abrir a válvula do pneu a ser calibrado.

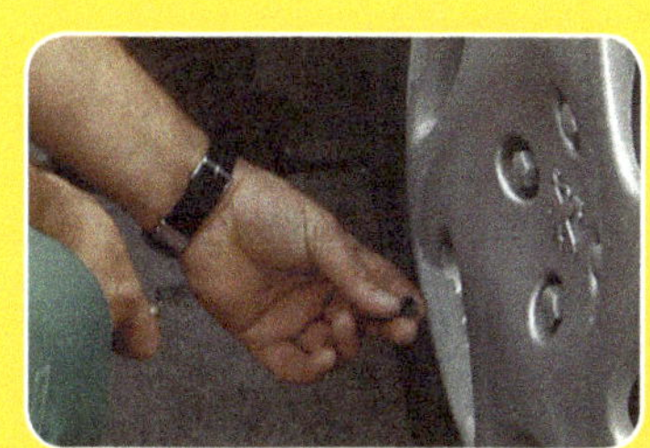

Fixar a mangueira no bico da válvula e aguardar até que o sinal sonoro da bomba indique que a pressão foi atingida, em caso de bomba eletrônica. Na bomba mecânica, a pressão deverá ser controlada manualmente.

Fechar o bico da válvula do pneu. Repetir a operação, atento à quantidade de libras para os pneus traseiros, dianteiros e reserva (estepe). Despedir-se do cliente.

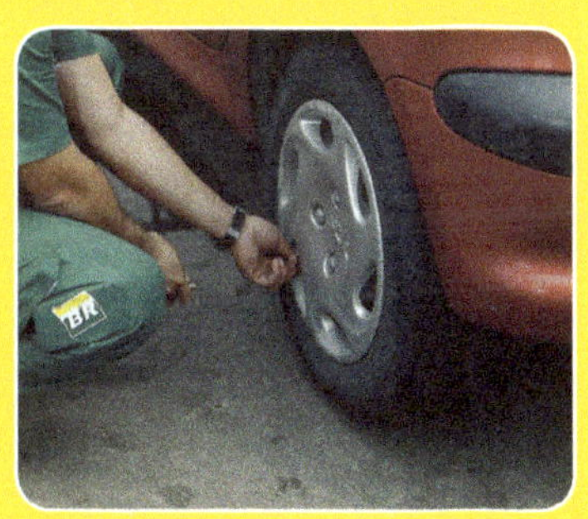

Saiba um pouco mais sobre calibragem

O nitrogênio tem a vantagem de prolongar o tempo de vida útil do pneu, porque mantém a temperatura interna mais baixa. A calibragem com nitrogênio é cobrada, ao passo que a com ar é de graça.

Os pneus são de extrema importância. Vale lembrar que o carro está apoiado neles. Toda e qualquer mudança de solo e de peso no carro tem reflexos nos pneus. A estabilidade do veículo está diretamente ligada à utilização da pressão correta.

Libra é uma medida de pressão. Varia de acordo com o perfil do pneu (tamanho e largura), solo (asfalto, cascalho, terra) e utilização (carga pesada ou de passeio). Em geral, a medida da pressão está afixada na porta do veículo. O manual do carro e a tampa do combustível também trazem essa informação.

Aconselha-se calibrar os pneus frios, ou seja, o veículo deve estar parado há uma hora, no mínimo, ou não ter rodado mais de 2 ou 3km. Quando calibrar os pneus quentes, é preciso respeitar as diferenças entre os eixos e aumentar 4PSI (0,3 Bar) às pressões recomendadas. Tão logo possível, o cliente deve verificar as pressões com os pneus frios.

PSI significa "libra por polegada quadrada" (*pound per square inch*). É a unidade de pressão no sistema inglês/americano: Psi x 0,07 = Bar.

Bar é uma unidade de medida de pressão usada para aferir enchimento de pneus. Cada bar equivale a cerca de 1 atmosfera, 1kg/cm^3 ou 14,2 libras/polegadas.

Troca de pneu

O veículo deve estar posicionado num lugar plano, com o freio de mão acionado. Retirar a calota da roda.

Com a chave de desmontagem de roda, afrouxar os parafusos de forma intercalada.

Posicionar o macaco no local indicado (na parte da estrutura que suporta o peso) e levantar o veículo até que a roda deixe de tocar o solo.

Desatarraxar completamente os parafusos e removê-los, deixando o de cima por último.

Retirar o pneu danificado.

Instalar um pneu em bom estado no lugar, posicionando-o para que os furos da roda coincidam com o tambor.

Encaixar a roda e colocar os parafusos.

Realizar o pré-ajuste dos parafusos.

Baixar o veículo com a ajuda do macaco.

Apertar os parafusos, com a chave, de forma intercalada, mas agora com bastante força.

Recolocar a calota no lugar, iniciando pelo recorte da válvula. Pressioná-la em toda a volta.

Retirar o macaco para desobstruir o caminho. Despedir-se do cliente.

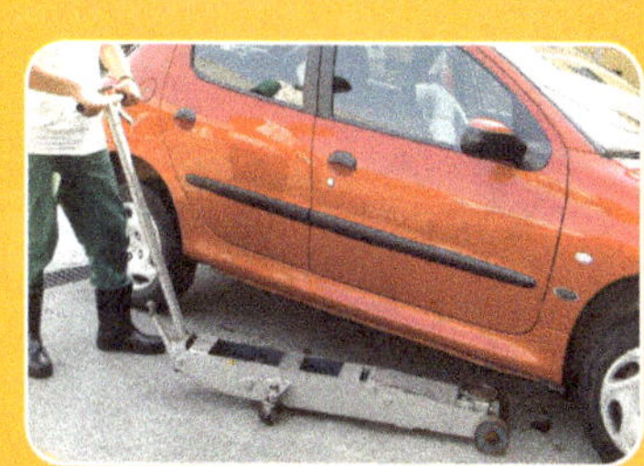

Troca de óleo

Posicionar o veículo no elevador. Abrir o capô e fixar a vareta para mantê-lo aberto com segurança.

Retirar a vareta de medição manual de óleo e limpá-la. Colocar a vareta novamente para verificar a necessidade da troca do óleo. Em caso afirmativo, fechar o capô para iniciar os procedimentos.

Ligar o elevador para que o veículo suba.

Afrouxar com uma chave o bujão do cárter, sem retirá-lo.

Posicionar a bandeja coletora de óleo e só então retirar o bujão para iniciar o escoamento do óleo (sangria).

Esperar que saia todo o óleo queimado, até parar de pingar. O óleo é coletado por meio de uma mangueira, que o conduz até um reservatório subterrâneo.

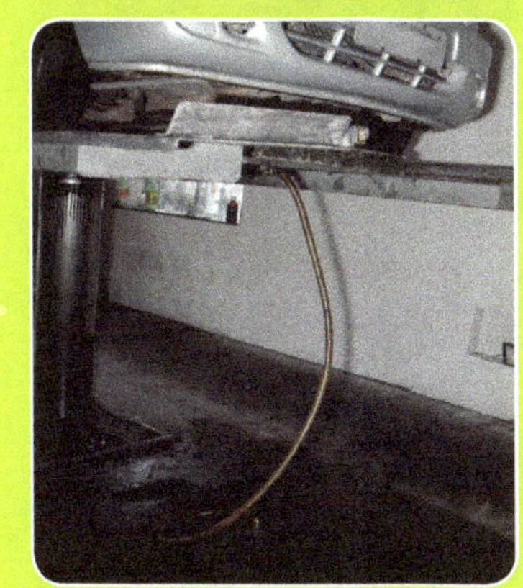

Completada a sangria, encaixar um anel de vedação novo no bujão. Recuar a bandeja coletora e posicionar o bujão no cárter com a mão. Depois, apertar com a chave. Por fim, afastar totalmente a bandeja.

Baixar o elevador (em alguns veículos, a substituição do filtro de óleo é executada pela parte inferior, aproveitando enquanto o veículo está suspenso).

Abrir o capô do veículo e fixar a vareta para mantê-lo aberto com segurança. Desatarraxar o filtro de óleo com a chave de cinta.

Retirar o filtro com a mão.

Selecionar o filtro e o óleo de acordo com as especificações do veículo. Passar um pouco de óleo na borda do filtro novo e espalhar com o dedo.

Colocar o filtro novo no lugar e atarraxar com a mão. Se necessário, apertá-lo com a chave de cinta até o ponto certo, evitando que se danifique.

Abrir o compartimento do motor e, com o auxílio de um funil, despejar o óleo.

Fechar o compartimento do motor. Ligar o veículo para permitir a circulação do óleo no motor.

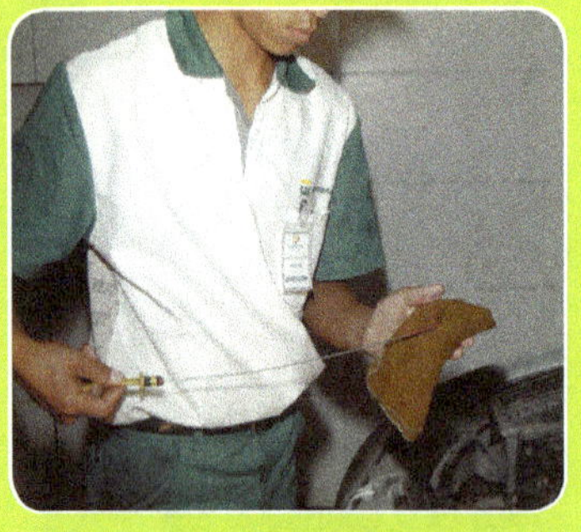

Checar, com a vareta de medição, se o nível do óleo está correto. Verificar se não há vazamento. Fechar o capô. Liberar o veículo e despedir-se do cliente.

Lavagem semiautomática

Orientar o motorista a posicionar o veículo no local adequado para a lavagem. O motorista pode ficar dentro dele ou não, dependendo do tipo de máquina.

Checar se todas as janelas do veículo estão fechadas. Retirar a antena – ela pode ser danificada pelo rolo de lavagem.

Esguichar água em todo o veículo, a fim de prepará-lo para receber a espuma. A água retira a sujeira grossa que pode riscar a pintura durante a esfrega e auxilia a fixação da espuma.

Nas rodas e nos para-lamas, o jato de água deve ser direcionado e mais forte. Em algumas máquinas, a sequência de água, espuma, esfrega, enxágue e secagem com ar é feita automaticamente.

Esguichar espuma no veículo todo.

Ligar a máquina e controlar seu funcionamento, para que os rolos esfreguem o veículo de frente para trás e de trás para frente. A máquina pode ser desligada a qualquer momento, se necessário.

Após o término da esfrega, desligar a máquina.

Observar se ficou algum resíduo de espuma no veículo. Se for o caso, esguichar água no local.

Recolocar a antena. Em alguns postos, passar o rodo nos vidros e o rodinho nos retrovisores para retirar o excesso de água. Despedir-se do motorista e liberar o veículo.

O reservatório de espuma deve ser realimentado de xampu conforme a necessidade.

Lavagem manual e limpeza interna

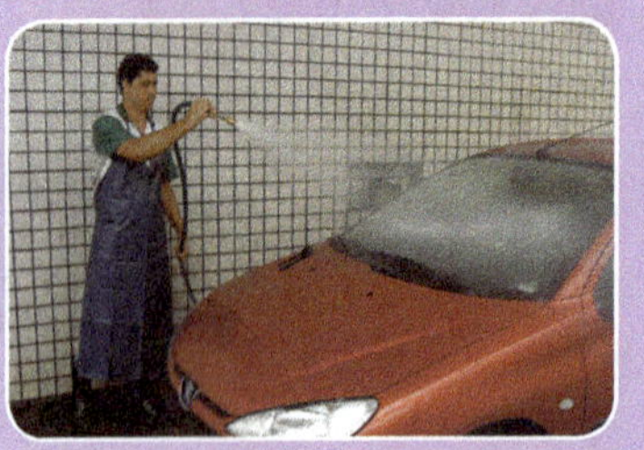

Depois de posicionar o veículo e de verificar se portas e janelas estão fechadas, esguichar água em todo o veículo. A água retira a sujeira grossa, que pode riscar a pintura durante a esfrega, e deixa que a espuma se fixe.

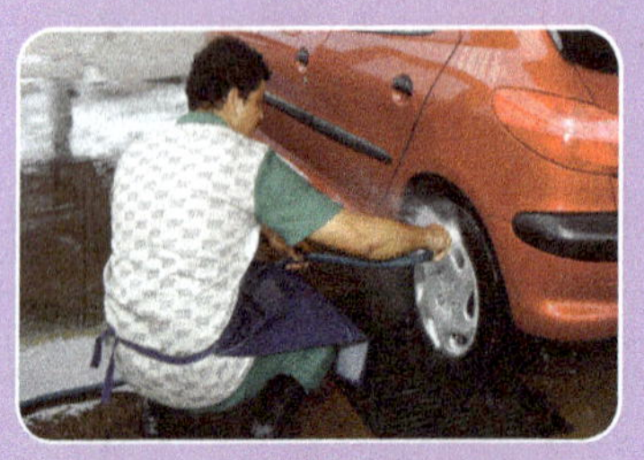

O jato de água deve ser mais forte nas rodas e nos para-lamas porque são locais que retêm mais sujeira.

Esguichar espuma em todo o veículo.

Com um pano limpo ou esponja, esfregar o veículo começando pelo teto, depois laterais (frente e traseira) e, por último, a parte de baixo.

Enxaguar também de cima para baixo, cuidando para não deixar resíduos de espuma.

Lavar os panos, pois serão usados na secagem. No chão limpo, estender os panos, esguichar jato forte de água sobre eles e depois torcê-los.

Enxugar o veículo, seguindo a sequência: teto, laterais (frente e traseira), parte baixa.

Depois de seco, posicionar o veículo na área de limpeza interna. Abrir as portas e secar suas bordas.

Retirar todos os tapetes do veículo e lavá-los.

Passar um pincel nas saídas do ar e nas reentrâncias do painel.

Antes de aspirar carpetes, bancos e porta-malas, retirar os objetos do veículo.

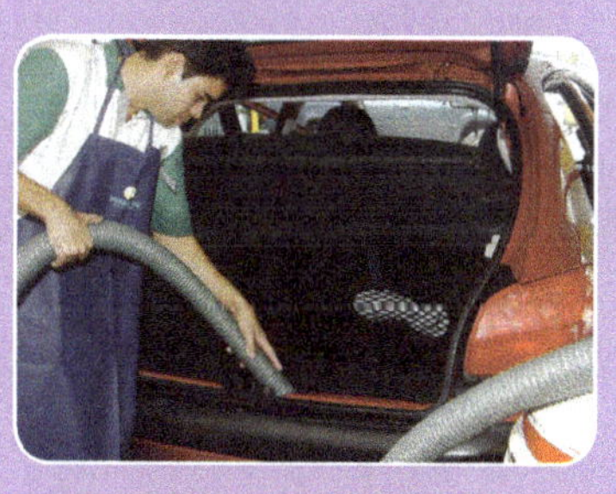

Limpar o painel com pano úmido. Usar silicone, se o cliente concordar.

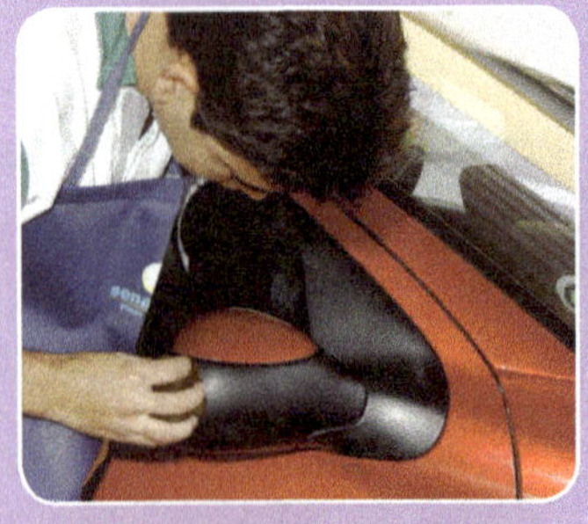

Com uma esponja, passar silicone nas partes pretas externas e nas laterais dos pneus. Há também produtos específicos para pneus.

Secar todos os vidros com jornal ou papel toalha. Recolocar os tapetes e os objetos tirados do veículo.

Recebimento de combustível e controle de qualidade

Isolar com cones e placas de segurança a área onde ocorrerá o recebimento de combustível. Um extintor também deve ficar por perto.

Acompanhar a retirada do lacre das tampas dos tanques do caminhão e verificar se estão cheios até o nível indicado pelo marcador.

Guardar os lacres para conferir os números com a nota fiscal.

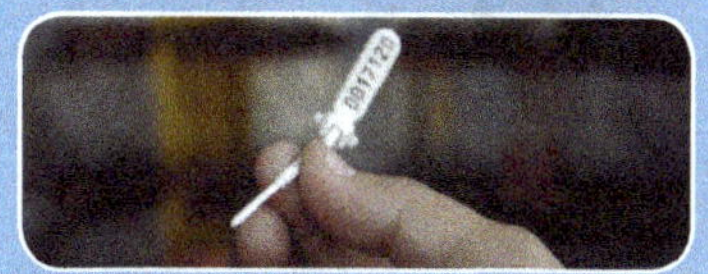

Posicionar o fio-terra no tanque subterrâneo para evitar que a eletricidade de estática provoque fagulhas. Antes de continuar o recebimento, deve-se fazer o controle de qualidade do combustível.

Controle de qualidade da **GASOLINA**

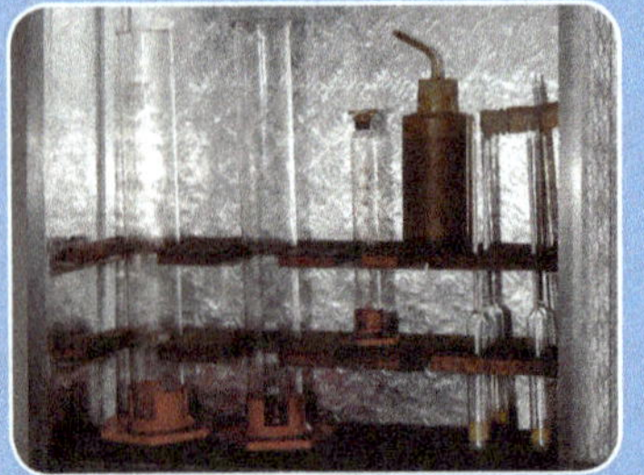

Provetas, densímetro e termômetro são os instrumentos utilizados para verificar a qualidade da gasolina a ser recebida.

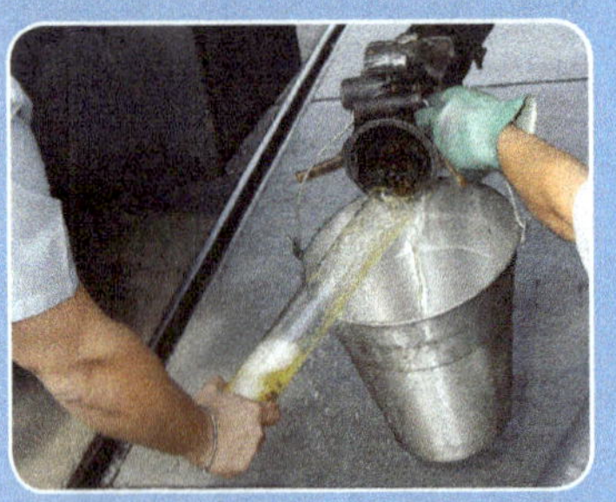

Recolher do caminhão-tanque 1 litro de gasolina em uma proveta. Observar se o combustível não está turvo ou se aparece água no fundo do recipiente.

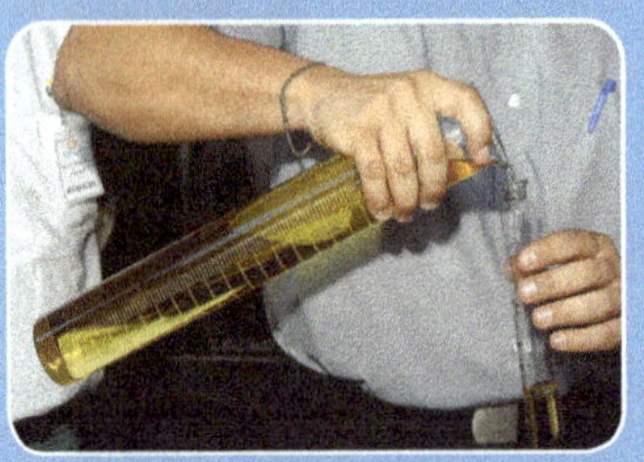

Transferir 50 mL de gasolina para uma proveta com capacidade de 100 mL.

Completar com água até atingir a marca de 100 mL.

Agitar para que os líquidos se misturem. Como a água se mistura ao álcool, só é gasolina o que fica na parte de cima da proveta. O teor de álcool na gasolina pode ser de até 25%.

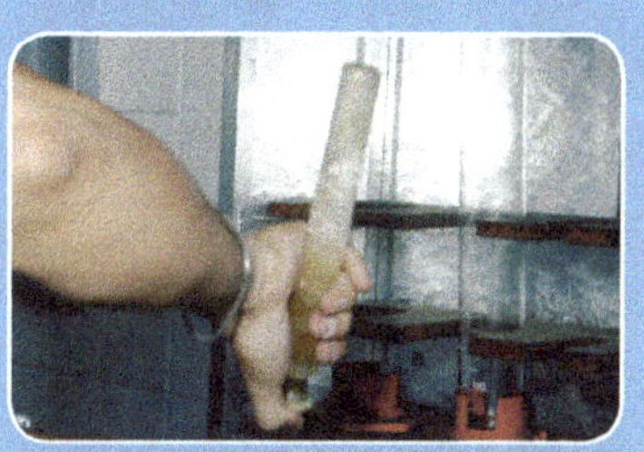

Com um densímetro e um termômetro, medir a densidade e a temperatura da gasolina.

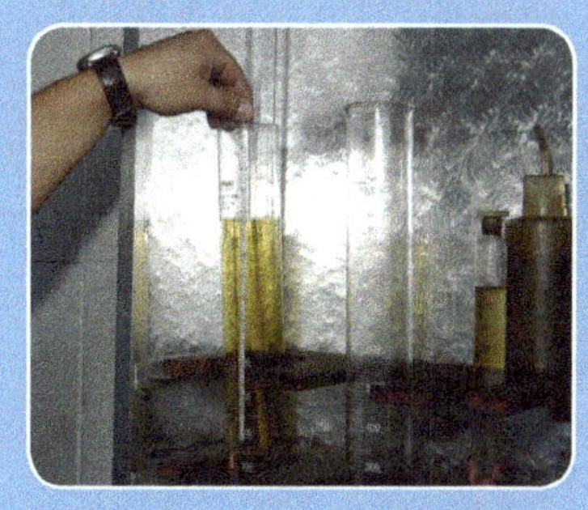

Ao final dos testes, comparar os resultados com os índices da tabela e verificar se estão de acordo com o Boletim de Conformidade entregue pelo fornecedor.

Recebimento de combustível (cont.)

Depois de feitos os testes de controle de qualidade, é preciso conferir a nota fiscal em que se deve observar: a) se o tipo e a quantidade de combustível conferem com o pedido feito; b) a placa do caminhão e a distribuidora; c) o nome e o RG do motorista; d) a cor e o número dos lacres.

Depois da conferência da nota fiscal, autorizar a descarga do combustível.

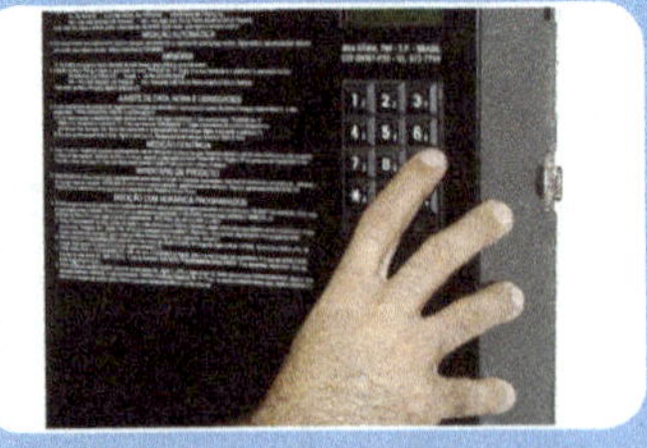

Finalizada a descarga do combustível, checar o nível do tanque subterrâneo do posto.

Uso do extintor

Puxar a trava rompendo o lacre do extintor.

Robson Nascimento

Segurar o cilindro com uma das mãos e pegar o mangote com a outra, apontando o difusor para baixo.

Aproximar-se do foco de incêndio o máximo possível, mas com cuidado. Posicionar-se no sentido do vento.

Apertar o gatilho até o fim, dirigindo o jato à base do fogo. Espalhar o conteúdo (gás, pó, água) em movimentos de varredura.

TAMBÉM PRECISAMOS NOS DESPEDIR

Volte sempre...

Como você percebeu, as técnicas de trabalho são simples. Com um pouco de treino, logo será possível executá-las muito bem. E jamais esqueça uma coisa: o que torna seu desempenho exemplar é manter sempre o mesmo cuidado e o interesse dos primeiros tempos de aprendizado.

Postos são lugares de movimento intenso, veículos e pessoas entram e saem sem parar. As técnicas de trabalho e os equipamentos mudam de tempos em tempos. Então, acompanhar a velocidade desse mundo é um belo desafio.

Como seus melhores clientes, também volte sempre – a estudar e a aperfeiçoar cada vez mais o seu caminho profissional. Está vendo esta estrada à sua frente? É a estrada do conhecimento. Você pode pisar no acelerador sem medo.

Notas iconográficas

Pedro Oswaldo Cruz

Fotos nas páginas: 8, 9B, 16-17, 26-33, 39, 41AB, 42A, 44, 46, 50, 52AB, 53AB, 54-58, 64, 67, 69, 70, 72, 74-78, 84-94, 98-106, 108.

Zeca Guimarães

Fotos nas páginas: 9A, 41C, 42B, 43, 45, 52C, 53C, 68, 73, 79-83, 95-97.

Referências

APOSTILA de prevenção e combate a incêndio. [S.l] : Grupo Sermacol/Serviço Especializado em Engenharia de Segurança e em Medicina do Trabalho–SESMT, [200-]. Apostila entregue no curso de prevenção e combate a incêndio.

CURIOSIDADE de algumas marcas de automóvel. [S.l.] : Contra-Brecagem, 7 nov. 2006 [capturado em 2 mar. 2007]. Enviado por SecretPlace. Disponível: http://www.contrabrecagem.org/forum/index.php/topic,193.0.html

EKSTERMAN, Patricia. Gás natural, álcool e gasolina : Bosch lança motor tricombustível. Portal Gás Energia, 19 abr. 2004 [capturado em 26 out. 2005]. Disponível:http://www.gasenergia.com.br/portalge/port/not/int_noticias.jsp?id=1847&mes=04&ano=2004&id_sessao=4

A ERA Vargas : anos 20 : café e indústria. Rio de Janeiro : FGV/CPDOC, 1997 [capturado em 29 set. 2005]. Disponível: http://www.cpdoc.fgv.br/nav_historia/htm/anos20/ev_cafeeind001.htm

ESTUDO da BR explica porque celular em posto é proibido. [S.l.] : Petrobras Distribuidora, [200-] [capturado em 4 nov. 2005]. Disponível: http://www.br.com.br/portalbr/calan dra.nsf#http://www. br.com.br/portalbr/calan dra.nsf/0/C7B380FD326BD7AA0325 6DAD004F1DC3?OpenDocument

FERREIRA, Roberto Nogueira. **Na trilha do sucesso** : uma história da revenda de combustíveis. Brasília : R. N. Ferreira, 1999.

GUIA KIDDE de combate a princípios de incêndio. Rodeio-Extrema : Kidde Brasil, [200-]. 6 p.

LOJAS de conveniência : conceito [on-line]. Poços de Caldas : Smart Market Conveniência, [2004?]. Disponível: Http://wwww.smartmix.com.br/conceito.html

LUCENA, Glauco; GUIMARÃES, Carlos. Logomarcas trazem história das marcas. Carsale, 13 nov. 2001 [capturado em 2 mar. 2007]. [Coluna] O Papo é Carro: variedades. Disponível: http://carsale.uol.com.br/opapoecarro/variedades/var_011113.shtml

MENCONI, Darlene; PAPPALARDO, Patrícia. O ouro verde. **Agência CT**, Brasília, 11 abr. 2005 [capturado em 09 nov. 2005]. Disponível: http://agenciact.mct.gov.br/index.php?action=/content/view&cod_objeto=24845

ORIENTE-SE profissões : frentistas. [S.l.], 14 ago. 2000 [capturado maio 2005]. Disponível: http://www.oriente-se.com/profissoes/guia_profissao.asp?ID=209

PARA fugir do petróleo bicombustível. **Veja**, São Paulo, n. 1908, p. 140-141, 8 jun. 2005.

PIMENTEL, Carolina. Biocombustíveis podem ajudar o Brasil a controlar emissão de gases que causam o efeito estufa. **Agência CT**, Brasília, 08 dez. 2004 [capturado em 09 nov. 2005]. Disponível: http://200.130.9.6/index.php?action=/content/view&cod_objeto=22332

RATTO, Luiz. **Comércio** : um mundo de negócios. Rio de Janeiro : Ed. Senac Nacional, 2004.

ROCHE, Roberto. **Detecção de vazamentos** : você sabe do que se trata? [on-line]. [S.l.] : Instituto Posto Ecológico, [2005?]. Disponível: http://www.projetopostoecologico.com.br/artigos2.php?id_artigo=17

SENAC. DN. **O trabalho no supermercado** : setores, funções e carreira profissional / Luiz Ratto; Ana Cláudia Landi. Rio de Janeiro : Ed. Senac Nacional, 2003.

SENAC. DR. BA. **Análises ocupacionais** : enxugador de veículos, frentista, lavador de veículos, lubrificador de veículos. Salvador, 1986.

SENAC. DR. CE. **Frentista**. Fortaleza, [19—].

______. **Técnicas de atendimento e vendas**. Fortaleza, [199-].

SENAC. DR. DF. **Relações pessoais no ambiente de trabalho, lubrificação, combustível (alimentação) e arrefecimento**. Brasília, [199-].

SENAC. DR. MG. **Qualidade no atendimento em postos de gasolina** / Juliana Izalina S. Carmo; Marilena Riêra Caridade. Belo Horizonte : SENAC/MG/SEMD, 2004.

SENAC. DR. RJ. **Manual de frentista** : bombista. Rio de Janeiro, 1998.

______. **Lavador-enxugador**. Rio de Janeiro, 1997.

SINDICOM. **Convenção coletiva de trabalho**. Rio de Janeiro, 2005. [capturado em 8 nov. 2005]. Disponível: http://www.sindicom.com.br/sindicom/convencao2005.htm

Sites consultados

CATHO. Disponível: www.catho.com.br

ESSO Brasileira de Petróleo. Disponível: www.esso.com.br

INSTITUTO POSTO ECOLÓGICO. Disponível: www.projetopostoecologico.com.br

MURAL de vagas. Disponível: www.muraldevagas.com.br

PETROBRAS Distribuidora S.A. Disponível: www.br-petrobras.com.br

RAMMERT. Disponível: http://www.rammert.com.br/web2005/pastas/institucional/qualidade.htm

SHELL Brasil. Disponível: www.shell.com.br

www.ingramcontent.com/pod-product-compliance
Lightning Source LLC
LaVergne TN
LVHW010421230826
846092LV00003BA/994

* 9 7 8 6 5 5 5 3 6 2 6 4 0 *